**essentials**

*essentials* liefern aktuelles Wissen in konzentrierter Form. Die Essenz dessen, worauf es als „State-of-the-Art" in der gegenwärtigen Fachdiskussion oder in der Praxis ankommt. *essentials* informieren schnell, unkompliziert und verständlich

- als Einführung in ein aktuelles Thema aus Ihrem Fachgebiet,
- als Einstieg in ein für Sie noch unbekanntes Themenfeld,
- als Einblick, um zum Thema mitreden zu können.

Die Bücher in elektronischer und gedruckter Form bringen das Fachwissen von Springerautor*innen kompakt zur Darstellung. Sie sind besonders für die Nutzung als eBook auf Tablet-PCs, eBook-Readern und Smartphones geeignet. *essentials* sind Wissensbausteine aus den Wirtschafts-, Sozial- und Geisteswissenschaften, aus Technik und Naturwissenschaften sowie aus Medizin, Psychologie und Gesundheitsberufen. Von renommierten Autor*innen aller Springer-Verlagsmarken.

Rebekka Erchinger · Rosemarie Koch ·
Ralf B. Schlemminger

# ESG(E)-Kriterien – die Schlüssel zum Aufbau einer nachhaltigen Unternehmensführung

Eine Eignungsanalyse ausgewählter Standardkriterien

Rebekka Erchinger  
Leer, Deutschland

Rosemarie Koch  
Hamburg, Deutschland

Ralf B. Schlemminger  
Schwanewede, Deutschland

ISSN 2197-6708 ISSN 2197-6716 (electronic)  
essentials  
ISBN 978-3-658-37876-9 ISBN 978-3-658-37877-6 (eBook)  
https://doi.org/10.1007/978-3-658-37877-6

Die Deutsche Nationalbibliothek verzeichnet diese Publikation in der Deutschen Nationalbibliografie; detaillierte bibliografische Daten sind im Internet über http://dnb.d-nb.deabrufbar.

© Der/die Herausgeber bzw. der/die Autor(en), exklusiv lizenziert durch Springer Fachmedien Wiesbaden GmbH, ein Teil von Springer Nature 2022  
Das Werk einschließlich aller seiner Teile ist urheberrechtlich geschützt. Jede Verwertung, die nicht ausdrücklich vom Urheberrechtsgesetz zugelassen ist, bedarf der vorherigen Zustimmung des Verlags. Das gilt insbesondere für Vervielfältigungen, Bearbeitungen, Übersetzungen, Mikroverfilmungen und die Einspeicherung und Verarbeitung in elektronischen Systemen.  
Die Wiedergabe von allgemein beschreibenden Bezeichnungen, Marken, Unternehmensnamen etc. in diesem Werk bedeutet nicht, dass diese frei durch jedermann benutzt werden dürfen. Die Berechtigung zur Benutzung unterliegt, auch ohne gesonderten Hinweis hierzu, den Regeln des Markenrechts. Die Rechte des jeweiligen Zeicheninhabers sind zu beachten.  
Der Verlag, die Autoren und die Herausgeber gehen davon aus, dass die Angaben und Informationen in diesem Werk zum Zeitpunkt der Veröffentlichung vollständig und korrekt sind. Weder der Verlag, noch die Autoren oder die Herausgeber übernehmen, ausdrücklich oder implizit, Gewähr für den Inhalt des Werkes, etwaige Fehler oder Äußerungen. Der Verlag bleibt im Hinblick auf geografische Zuordnungen und Gebietsbezeichnungen in veröffentlichten Karten und Institutionsadressen neutral.

Planung/Lektorat: Vivien Bender  
Springer Gabler ist ein Imprint der eingetragenen Gesellschaft Springer Fachmedien Wiesbaden GmbH und ist ein Teil von Springer Nature.  
Die Anschrift der Gesellschaft ist: Abraham-Lincoln-Str. 46, 65189 Wiesbaden, Germany

# Was Sie in diesem *essentials* finden können

- Ein Verständnis vom Begriff „Nachhaltigkeit" – sowohl im Allgemeinen als auch im Hinblick auf eine nachhaltige Unternehmensführung.
- Ein Überblick über Aufbau und Etablierung von Katalogen über Nachhaltigkeitskriterien verschiedener Standardsetzer – im Kontext der Entwicklung ausgewählter Nachhaltigkeitsprinzipien und -anforderungen.
- Eine Eignungsanalyse der bekannten Kriterien der *Global Reporting Initiative (GRI)*, der *European Federation of Financial Analysts Societies (EFFAS)* und der *Deutschen Vereinigung für Finanzanalyse und Asset Management (DVFA)*, des *Rats für Nachhaltige Entwicklung* auf Basis eines Scoringmodells.
- Vor dem Hintergrund festgestellter Eignungsstärken und -schwächen: Schlussfolgerungen im Hinblick auf die Kriterienanwendung in der Unternehmenspraxis sowie die Anpassung der Standards durch die Standardsetzer.
- Zudem Details und Hintergrundwissen zu einzelnen Themenbereichen.

# Inhaltsverzeichnis

1 **Einleitung** .................................................... 1
   1.1 Nachhaltigkeit – ein Megatrend in aller Munde ............... 1
   1.2 Forschungsfragen und methodisches Vorgehen ................ 3

2 **Grundlagen** ................................................... 5
   2.1 Nachhaltigkeitsbegriff ....................................... 5
   2.2 ESG(E)-Kriterien und deren Standardisierung ................ 8

3 **Eignung der GRI-, EFFAS/DVFA- und DNK-Kriterien für eine nachhaltige Unternehmensführung** ............................ 17
   3.1 Aufbau des Scoringmodells zur Eignungsanalyse ............. 17
   3.2 Bewertung der Kriterienkataloge anhand der Eignungsanforderungen ..................................... 25
   3.3 Aggregation der Bewertungen .............................. 32

4 **Fazit in zwölf Thesen** ......................................... 35

**Literatur** ....................................................... 39

# Abkürzungsverzeichnis

| | |
|---|---|
| 3Ps | People-Planet-Profit-Ansatz |
| BaFin | Bundesanstalt für Finanzdienstleistungsaufsicht |
| BMZ | Bundesministerium für wirtschaftliche Zusammenarbeit und Entwicklung |
| BSC | Balanced Scorecard |
| CERES | Coalition for Environmentally Responsible Economies |
| $CO_2$ | Carbon Dioxide (Kohlenstoffdioxid) |
| CSR | Corporate Social Responsibility |
| DAX | Deutscher Aktienindex |
| DNK | Deutscher Nachhaltigkeitskodex |
| DRSC | Deutsches Rechnungslegungs Standards Committee e.V. |
| DSDG | Division for Sustainable Development Goals |
| DVFA | Deutsche Vereinigung für Finanzanalyse und Asset Management e.V. |
| EFFAS | European Federation of Financial Analysts Societies |
| ESG(E) | Environment/Environmental, Social/Corporate Social Responsibility, Governance/Corporate Governance, (Economical) |
| Eurosif | European Sustainable Investment Forum |
| EU | European Union |
| GRI | Global Reporting Initiative |
| HCOB | Hamburg Commercial Bank AG |
| ICB | Industry Classification Benchmark |
| ICV | Internationaler Controllerverein e. V. |
| IIRC | International Integrated Reporting Council |
| ISS | Institutional Shareholder Service |
| KPIs | Key Performance Indicators |
| MDAX | Mid-Cap-Index (Mid-Cap-DAX) |

| | |
|---|---|
| MSCI | Morgan Stanley Capital International |
| NAP | Nationaler Aktionsplan |
| PwC | PricewaterhouseCoopers GmbH |
| SDAX | Small-Cap-Index (Smal-Cap-DAX) |
| SDGs | Sustainable Development Goals |
| UN | United Nations |
| V | Viability |
| WECD | World Commission in Environment and Development |

# Darstellungsverzeichnis

| | | |
|---|---|---|
| Darst. 2.1 | Ziele einer nachhaltigen Unternehmensführung ........... | 6 |
| Darst. 2.2 | UN-Ziele für eine nachhaltige Entwicklung (Sustainable Development Goals) ................................. | 7 |
| Darst. 2.3 | ESG- und ESG(E)-Kriterien (Beispiele) ................ | 9 |
| Darst. 2.4 | ESG(E)-Kriterien im Zuge der Entwicklung von Nachhaltigkeitsprinzipien ............................ | 9 |
| Darst. 2.5 | GRI-Standards ...................................... | 10 |
| Darst. 2.6 | ESG-KPIs von EFFAS/DVFA ......................... | 12 |
| Darst. 2.7 | DNK-Kriterien ..................................... | 13 |
| Darst. 3.1 | Klassische betriebliche Funktionen .................... | 20 |
| Darst. 3.2 | ESG-Ratingagenturen ................................ | 22 |
| Darst. 3.3 | ESG-Ratings von Tesla nach MSCI und Sustainalytics ..... | 23 |
| Darst. 3.4 | ESG-Ratingansätze im Kreditvergabeprozess der Hamburg Commercial Bank AG ....................... | 24 |
| Darst. 3.5 | Abdeckungsbreite der Standardkriterien von GRI, EFFAS/DVFA und DNK ............................ | 26 |
| Darst. 3.6 | Themenfelder und Standardkriterien von GRI, EFFAS/DVFA und DNK ............................ | 27 |
| Darst. 3.7 | Ausgewogenheit der Standardkriterien von GRI, EFFAS/DVFA und DNK ............................ | 27 |
| Darst. 3.8 | Abstufungen der EFFAS/DVFA-Standardkriterien ......... | 29 |
| Darst. 3.9 | EFFAS/DVFA-Kriterienanzahl für ausgewählte Branchensegmente ................................... | 29 |
| Darst. 3.10 | Top 10 der Standardkriterienkataloge für die nichtfinanzielle Berichterstattung (CSR-Richtlinie) ........ | 31 |

Darst. 3.11 Ergebnis der Eignungsanalyse der GRI-, EFFAS/DVFA-
und DNK-Kriterien ................................. 33
Darst. 3.12 Sensitivitätsanalyse der Eignungsbewertung .............. 34

# Einleitung 1

## 1.1 Nachhaltigkeit – ein Megatrend in aller Munde

Nachhaltiges Handeln wird angesichts zunehmender Erschöpfung natürlicher Ressourcen der Erde, der Umweltzerstörung sowie des Klimawandels immer bedeutsamer. Die globale, vom Menschen versursachte Erderwärmung durch erhöhte $CO_2$-Konzentration zeigt ihre deutlichen Spuren: **sintflutartige Regenfälle, extreme Kälte- und Hitzeperioden sowie Stürme und Überflutungen.** Die Menschen auf der Welt sind hiervon unterschiedlich betroffen. Dies trägt dazu bei, die ohnehin vorhandene **Kluft zwischen Arm und Reich** noch weiter zu **vergrößern;** politische Unruhen und Instabilitäten gehören zur weltpolitischen Tagesordnung.

Die Sensibilisierung der Gesellschaften für diese Themen hat Auswirkungen auf die **Umwelt- bzw. Nachhaltigkeitspolitiken** vieler Länder – sowohl auf internationaler als auch nationaler Ebene. Beispielsweise ist auf der UN-Klimakonferenz in Schottland der weltweite Ausstieg aus der Kohleverbrennung eingeläutet worden, wenngleich dieser „Klimapakt von *Glasgow*" den Kritikern noch nicht weit genug geht. Die *EU* möchte mit dem Green Deal bis 2050 der erste klimaneutrale Kontinent werden, d. h. eine wettbewerbsfähige Wirtschaft ohne Ausstoß von Netto-Treibhausgasen (vgl. EU 2021, o. S.). *Deutschland* hat jüngst das Lieferkettengesetz auf den Weg gebracht, wonach deutsche Unternehmen sich um die Einhaltung grundlegender Menschrechte in ihren Lieferketten zu sorgen haben. Die *EU* hat mittlerweile sogar einen weitergehenden Richtlinien-Vorschlag zu Lieferketten unterbreitet. Mindestens 17.000 Unternehmen wären betroffen (vgl. BMZ 2021, o. S.; Beckmann 2022, o. S.).

© Der/die Autor(en), exklusiv lizenziert an Springer Fachmedien Wiesbaden GmbH, ein Teil von Springer Nature 2022
R. Erchinger et al., *ESG(E)-Kriterien - die Schlüssel zum Aufbau einer nachhaltigen Unternehmensführung*, essentials,
https://doi.org/10.1007/978-3-658-37877-6_1

Nachhaltiges Wirtschaften wird für Unternehmen mehr und mehr zum **Schlüssel für erfolgreiche Geschäftsmodelle** – zumindest in der Langfristperspektive. Unternehmen, die Umwelt-, Sozial- und Governance-Aspekte, sog. **ESG-Kriterien,** bei ihrer Unternehmensführung berücksichtigen, bringen Innovationen hervor, verbessern das Image, fördern die Mitarbeitermotivation, senken die Kosten und verbessern ihre Wettbewerbsposition. In Managementzeitschriften wird fortlaufend hierüber berichtet (vgl. ICV 2011, S. 4). In diesem Zusammenhang ist beispielsweise der Automobilzulieferer sowie Hersteller von Industrietechnik und Verbrauchsgütern *Bosch* zu nennen. Dieses global agierende Unternehmen mit seinen rd. 400 Standorten hat bei Eigenerzeugung und Energiebezug Klimaneutralität erreicht und ist dafür mit dem Green-Controlling-Preis vom *Internationalen Controllerverein* ausgezeichnet worden (vgl. Bosch 2021, o. S.; ICV 2020, o. S.). Mittlerweile positionieren sich auch namhafte Unternehmensverbände, wie etwa der *Business Roundtable,* eindeutig zur Nachhaltigkeit. Nachdem dieser größte amerikanische Wirtschaftsverband bisher jahrelang auf das einseitige Aktionärswohl („Shareholder Value") gesetzt hat, distanziert er sich nun davon. Nach dem neuen Leitmotiv – von 181 Unternehmenslenker*innen gegengezeichnet – wird auf die Stakeholder als Ganzes gesetzt (vgl. Business Roundtable 2019, o. S.).

In der **Finanzwelt** ist die Nachhaltigkeit ohne Frage angekommen. Wenn Unternehmen bei Banken nach Krediten fragen, werden ihre ökologischen Risiken und damit die nachhaltige Geschäftsentwicklung eingeschätzt. Denn Banken achten zunehmend auf die nachhaltige Ausrichtung ihres Kreditportfolios (vgl. Rademacher 2021, S. 18), wobei sog. ESG-Ratings mit ins Kalkül genommen werden. Jenseits von Bankkrediten haben Unternehmen mittlerweile die Chance erkannt, Green-Finance-Instrumente wie etwa Green Bonds zur Finanzierung von Umwelt(schutz)aktivitäten oder ESG- bzw. Sustainability-linked-Loans (mit flexibler Erlösverwendung) zu nutzen. Bei den zuletzt genannten „Linked"-Instrumenten ist die Verzinsung an ESG-Ratings oder bestimmte ESG-Kriterien wie etwa Anteil von Frauen an Führungspositionen oder $CO_2$-Emissionen pro Mitarbeiter gekoppelt. Rund zwei Drittel der *DAX-Konzerne* greifen mittlerweile auf Green-Finance-Werkzeuge zurück (vgl. Kögler 2020, S. 7 f.; Kögler 2021e, S. 25).

Dies liegt auch daran, dass bei Anlegern die Nachhaltigkeit ein nicht mehr wegzudenkendes Thema ist. **Große Investorengruppen** positionieren sich z. T. eindeutig hierzu: *Larry Fink,* der Chef des global agierenden Vermögensverwalters *Blackrock* (Anlagevermögen von rd. 7 Billionen US$), hat in seinem veröffentlichten Brief deutlich gemacht, dass „wir [seiner Überzeugung nach] vor einer fundamentalen Umgestaltung der Finanzwelt stehen …[und] wir Nachhaltigkeit zu einem wesentlichen Bestandteil unserer Portfoliokonstruktion und unseres Risikomanagements machen. Wir werden uns von Anlagen trennen, die ein erhebliches Nachhaltigkeitsrisiko darstellen, wie beispielsweise Wertpapiere von Kohleproduzenten" (Blackrock 2020, o. S.).

Neben Kapitalgebern wie Banken und Vermögensverwaltungsgesellschaften nehmen auch andere Stakeholder Einfluss auf die Unternehmen. Sie hinterfragen zunehmend deren Zwecksetzungen und fordern positive gesellschaftliche Beiträge ein. Insofern ist ein systematisches Nachhaltigkeitsmanagement gefragt, damit die sog. „Licence to operate" überhaupt erteilt oder nicht entzogen wird. Ohne diese Betriebslizenz – nicht aus juristischer, sondern gesellschaftlicher Perspektive – wird das „Geschäftemachen" immer schwieriger werden (vgl. Vanini 2022, S. 175; Gourgé 2021, S. 72 f.).

## 1.2 Forschungsfragen und methodisches Vorgehen

ESG-Konformität scheint der Schlüssel für nachhaltig erfolgreiche Geschäftsmodelle zu sein. Mittlerweile liegen verschiedene Standardkataloge von Kriterien vor, auf die Unternehmen bei ihrem Nachhaltigkeitsmanagement, insb. ihrer Nachhaltigkeitsberichterstattung, zurückgreifen können. In dieser Arbeit soll deshalb eine Antwort auf die folgenden **Fragen** geliefert werden:

1. Können die **Standardkriterienkataloge** als „die" **Schlüssel** zum Aufbau bzw. zur **Weiterentwicklung einer nachhaltigen Unternehmensführung** angesehen werden, da sie Management und Controlling einen umfassenden, hinreichend differenzierten Orientierungsrahmen über Nachhaltigkeitskriterien bereitstellen?
2. Ist bei den Standardkriterienkatalogen eine **Eignungsrangfolge** festzustellen?

In methodischer Hinsicht soll die Beantwortung mittels eines **Scoringmodells** erfolgen. Zur Diskussion stehen die Standardkriterienkataloge der *Global Reporting Initiative (GRI)*, der *European Federation of Financial Analysts Societies (EFFAS)* und des *Rats für Nachhaltige Entwicklung (Deutscher Nachhaltigkeitskodex, DNK)*.

Bevor im **Kap.** 3 auf diese Eignungsanalyse eingegangen wird, erfolgt in **Kap.** 2 eine Klärung der Begriffe **Nachhaltigkeit** und **ESG(E)-Kriterien**. Ferner werden in **Kap.** 2 die **Standardkriterienkataloge** im Kontext der Entwicklung von Nachhaltigkeitsprinzipien und -anforderungen dargestellt. Gegenstand von **Kap.** 4 ist ein Fazit mit der **Zusammenfassung der Analyseergebnisse** sowie mit einer Darstellung von **Schlussfolgerungen** sowohl im Hinblick auf die Kriterienanwendung in der Unternehmenspraxis als auch bezogen auf die Anpassung der Standards durch die Standardsetzer.

Die Aufarbeitung des Themas erfolgt in der Weise, dass im **Haupttext** die **zentralen Erkenntnisse** wiedergegeben werden. **Details** und **Hintergrundwissen** finden interessierte Leser\*innen in **Stichwortkolumnen.**

# Grundlagen 2

## 2.1 Nachhaltigkeitsbegriff

Als Begründer des Begriffs Nachhaltigkeit wird der sächsische Oberbergbauhauptmann *Hans Carl von Carlowitz* (1645 – 1714) angesehen. In seinem Werk „Sylvicultura oecomomica" formulierte er das Prinzip, dass nicht mehr Holz – damals der wichtigste Rohstoff – geschlagen werden sollte, als durch planmäßige Aufforstung nachwachsen kann. Er begründete so die nachhaltige Forstwirtschaft und brachte bei der Waldbewirtschaftung die generationenübergreifende Perspektive ein (vgl. o. V. 2021b, o. S.).

Unser heutiges Verständnis von Nachhaltigkeit beruht auf dem Leitbild einer nachhaltigen Entwicklung, wie es im Abschlussbericht der *Weltkommission für Umwelt und Entwicklung (World Commission in Environment and Development, WCED)* 1987 formuliert worden ist. Nach diesem sog. *Brundtland-Bericht* – benannt nach der früheren norwegischen Ministerpräsidentin *Gro Harlem Brundtland,* die den Kommissionsvorsitz innehatte – ist eine Entwicklung dann als nachhaltig einzustufen, wenn sie „den Bedürfnissen der jetzigen Generation gerecht wird, ohne die Fähigkeit der zukünftigen zu gefährden, deren Bedürfnisse zu befriedigen" (WCED 1987, Tz. 27).

Diese dauerhafte Bedürfnisbefriedigung setzt wirtschaftliches, nicht verschwenderisches Handeln voraus, aber auch die Berücksichtigung sozialer und ökologischer Gesichtspunkte. Der *Rat für Nachhaltige Entwicklung* – ein Gremium, welches die Bundesregierung in Fragen zur Nachhaltigkeit berät – bringt das Verständnis von Nachhaltigkeit so auf den Punkt (2022, o. S.): „Wir müssen unseren Kindern und Enkelkindern ein intaktes ökologisches, soziales und ökonomisches Gefüge hinterlassen." Die *UN* hat eine solche Vorstellung in 17 weltweit gültige Ziele für eine nachhaltige Entwicklung überführt (**Sustainable Development Goals, SDGs,** s. Stichwort 1). Die Berücksichtigung ökologischer, sozialer und ökonomischer Gesichtspunkte wird auch mit **People-Planet-Profit-(3Ps-)** oder **Triple-Bottom-Line-Ansatz** umschrieben. In diesem Sinne verfolgen Unternehmen dann eine nachhaltige Unternehmensführung, wenn sie ökonomische, soziale und ökologische Ziele gleichrangig verfolgen (s. Darst. 2.1). In Abgrenzung dazu spricht man bei einer rein ökonomischen Zielsetzung von einer wertorientierten, bei gleichzeitiger Verfolgung von ökonomischen und sozialen Zielen von einer werteorientierten Unternehmensführung (vgl. Dillerup und Stoi 2013, S. 83). Neben dem klassischen Ansatz gibt es auch einen modifizierten „People-Planet-Profit"-Ansatz, wonach ökonomische Ziele („Profit") einen Vorrang vor den anderen beiden Zielen genießen (vgl. Hornung 2021, o. S.).

**langfristige ökonomische Ziele („Profit")**

= gewinn-/wertorientierte Unternehmensführung

**+ langfristige soziale Ziele („People")**

-------------------------------------------

= werteorientierte Unternehmensführung

**+ langfristige ökologische Ziele („Planet")**

-------------------------------------------

= nachhaltige Unternehmensführung

**Darst. 2.1** Ziele einer nachhaltigen Unternehmensführung. (Quelle: Vgl. Dillerup und Stoi 2013, S. 77)

## 2.1 Nachhaltigkeitsbegriff

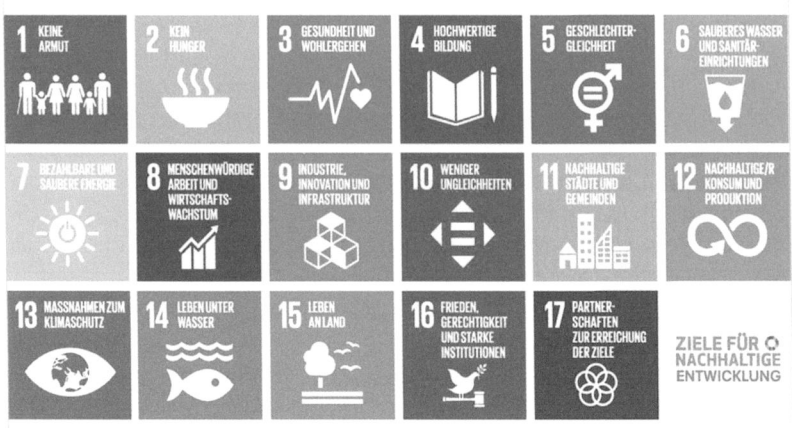

**Darst. 2.2** UN-Ziele für eine nachhaltige Entwicklung, (Sustainable Development Goals). (Quelle: *Die Bundesregierung* 2021, o, S.)

**Stichwort 1: Sustainable Development Goals**
Die *UN* hat 2015 die **Agenda for Sustainable Development** auf den Weg gebracht. Den Kern bilden 17 Ziele für eine nachhaltige Entwicklung, die Sustainable Development Goals (SDGs), wie sie aus der Darst. 2.2 hervorgehen. Es ist ein Aufruf an alle Staaten, ihr Handeln danach auszurichten. Armut soll überwunden, Ungleichheit reduziert, Gesundheit und Bildung verbessert, wirtschaftliches Wachstum gefördert und die Umwelt dauerhaft bewahrt werden. Die *Division for Sustainable Development Goals (DSDG)* der *UN* bietet zur Umsetzung Unterstützungsleistungen an und evaluiert den Implementierungsfortschritt (vgl. UN 2021, o. S.).

Die Übersetzung dieser SDGs in die Wirtschaftspraxis gestaltet sich jedoch nicht ganz einfach, da es verschiedene Ansätze zur Operationalisierung gibt. Üblicherweise werden aus dem Multi-Stakeholder-Ansatz der SDGs klare unternehmerische Maßnahmen abgeleitet, die die drei Schritte zur Umsetzung verfolgen: Act Responsibly (ESG-Rating), Build Sustainable Opportunities (Positive Produkte und Dienstleistungen) und Do No Harm (Ausschlusskriterien) (vgl. Deutsches Global Compact Netzwerk 2022, o. S.).

## 2.2 ESG(E)-Kriterien und deren Standardisierung

Der Begriff „ESG-Kriterien" wird mehr und mehr als Synonym für nachhaltiges Handeln in der Wirtschaft verwendet. Im strengen Sinne stammt er aus der Finanzwirtschaft. Es handelt sich um **Kriterien zur Darstellung und Bewertung der Nachhaltigkeit** geschäftlicher Aktivitäten, insbesondere bei Geldanlagen. Diese Nachhaltigkeitskriterien werden nach den Bereichen Umwelt/Ökologie („Environment" oder „Environmental"), Soziales („Social" oder „Corporate Social Responsibility") und verantwortungsvolle („gute" bzw. „faire") Unternehmensführung („Governance" oder „Corporate Governance") gruppiert. In methodischer Hinsicht unterscheidet man bei den Kriterien zwischen:

- **„klassischen" Leistungs-, Performance- oder Schlüsselindikatoren oder -kennzahlen,** wie etwa dem Anteil von Bio-Produkten am Umsatz oder dem Umfang der $CO_2$-Emissionen,
- **Organisations(kurz)beschreibungen** wie z. B. dem Aufbau des betrieblichen Gesundheitsmanagements,
- **Zielstrukturelementen** wie u. a. Unternehmensvision, Wertekataloge und Unternehmensziele oder
- **Managementansätzen** mit bspw. Strategien, Maßnahmen sowie Verfahren zu deren Bewertung.

Auffällig ist bei dem finanzwirtschaftlich geprägten ESG-Kriterienbegriff der Verzicht auf einen expliziten Ausweis der Rubrik „Ökonomie" („Economy"). Nach dem Triple-Bottom-Line-Ansatz sind Unternehmensziele jedoch nicht nur aus den Rubriken „E" und „S", sondern ebenfalls aus dem Ökonomie-Bereich („Economy") zu bestimmen. „G" wird dagegen nicht explizit genannt. Erst dann kann – wie in **Abschn.** 2.1 dargestellt – überhaupt von einer nachhaltigen Unternehmensführung gesprochen werden. Aus Gründen der Vollständigkeit soll deshalb bei den noch zu analysierenden Standardkatalogen von **„ESG(E)"-Kriterien** gesprochen werden (s. Darst. 2.3).

Neben der Kategorisierung der Nachhaltigkeitskriterien nach den aufgeführten Bereichen und methodischen Darstellungsvarianten können sie auch nach statistischen Formen eingeteilt werden: **qualitative (beschreibbare)** und **quantitative (messbare) Kriterien.** Letztere lassen sich noch in absolute und relative Kennzahlen (Verhältniszahlen) untergliedern.

Im Zuge **der Entwicklung von Nachhaltigkeitsprinzipien und -forderungen** haben sich verschiedene Standardkataloge von ESG(E)-Kriterien entwickelt (s. Darst. 2.4). Als Grundlage dieser Entwicklung können die zehn universellen Prin-

## 2.2 ESG(E)-Kriterien und deren Standardisierung

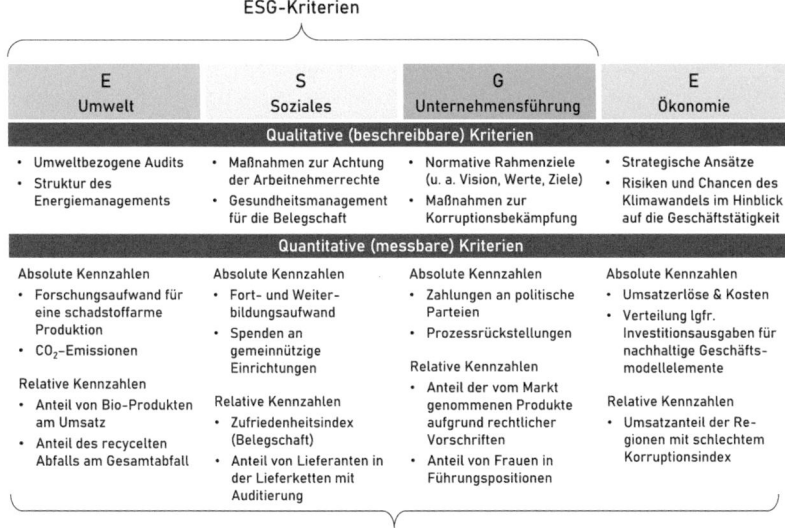

**Darst. 2.3** ESG- und ESG(E)-Kriterien (Beispiele). (Quelle: Vgl. DNK 2021; EFFAS und DVFA 2010; GRI 2016; Haberstock 2021, o. S.)

| | | |
|---|---|---|
| **Internationale Ebene** | • 1999: | Prinzipien des UN Global Compact (Ergänzung 2004) |
| | • 2000: | ESG(E)-Kriterien der Global Reporting Initiative (GRI-Standards) |
| | • 2013: | IIRC-Rahmenkonzept zur integrierten Berichterstattung (Überarbeitung 2021) |
| **Europäische Ebene** | • 2010: | ESG(E)-Kriterien von EFFAS (ESG-KPIs – Leitlinien zur Integration von ESG in Finanzanalysen und Unternehmensbewertung) |
| | • 2014: | CSR-Richtlinie in der EU (Anpassungsvorschlag 2021) |
| | • 2020: | EU-Taxonomie-Verordnung |
| **Nationale Ebene** | • 2011: | ESG(E)-Kriterien gemäß Deutschem Nachhaltigkeitskodex (DNK-Kriterienkatalog) |
| | • 2019: | BaFin-Merkblatt zum Umgang mit Nachhaltigkeitsrisiken |

**Darst. 2.4** ESG(E)-Kriterien im Zuge der Entwicklung von Nachhaltigkeitsprinzipien

zipien des *UN Global Compact* zu Menschenrechten, Arbeitsnormen, Umwelt und Korruptionsprävention angesehen werden. Diese Nachhaltigkeitsinitiative der *Vereinten Nationen (United Nations, UN)* aus 1999 bzw. 2004 – Korruptionsprävention als zehnter Grundsatz kam erst dann dazu – hat eine hohe Bedeutung: Über 17.500 Unternehmen und Institutionen aus über 170 Ländern sind dieser Übereinkunft mittlerweile beigetreten (vgl. Global Compact Netzwerk Deutschland 2021, o. S.; *O. V.*, 2021a, o. S.).

Als besonders erwähnenswert sind **drei Standardkataloge von ESG(E)-Kriterien,** die auf internationaler, europäischer und nationaler Ebene entwickelt worden sind:

1. Als ältester Katalog sind die **Nachhaltigkeitsstandards der *Global Reporting Initiative*** (GRI-Standards) zu nennen. Diese gemeinnützige Stiftung, 1997 durch die Nonprofitorganisation *CERES* (Coalition for Environmentally Responsible Economies) und dem *Tellus Institute* (unter Beteiligung des *UN-Umweltprogramm*) gegründet, veröffentlichte 2000 das erste globale Rahmenwerk für ein Nachhaltigkeitsreporting (vgl. GRI 2021, o. S.). Dieser Standardkatalog ist modular aufgebaut, wie dies aus der Darst. 2.5 hervorgeht.

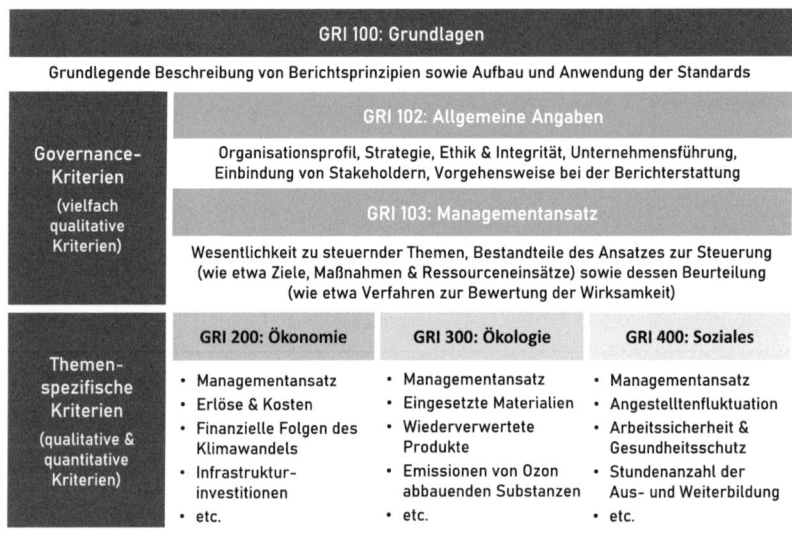

**Darst. 2.5** GRI-Standards. (Quelle: Vgl. GRI 2016)

## 2.2 ESG(E)-Kriterien und deren Standardisierung

Er wird von Zeit zu Zeit angepasst; die aktuelle Version stammt aus dem Jahr 2016, wobei einige wenige Dokumente inzwischen aktualisiert worden sind (vgl. GRI 2016). Es ist hervorzuheben, dass Managementansatzkriterien beim GRI-Standard einen hohen Stellenwert haben. Sie sind für jedes wesentliche Thema zu formulieren. Deshalb wird bei themenspezifischen Standards innerhalb der Ökonomie-, Ökologie- und Sozial-Säulen obligatorisch auf das Modul GRI 103 verwiesen. Im Jahre 2022 hat der GRI-Standard eine Branchensegmentierung eingeführt. Geplant sind insgesamt 40 Sektoren mit branchenspezifischen Kennzahlen. Bisher sind zwei Sektoren veröffentlicht: Gas/Öl sowie Kohle. Die weiteren sind noch in Bearbeitung und werden sukzessive folgen.

Weltweit ist der GRI-Standard für viele Unternehmen die Grundlage für die Nachhaltigkeitsberichterstattung. Beispielsweise orientieren sich die börsennotierten deutschen Unternehmen in hohem Maße an diesem internationalen de-facto-Standard. Nach einer Studie der *Kirchhoff Consult AG* und der *BDO AG Wirtschaftsprüfungsgesellschaft* (2020, S. 7) über die DAX-160-Unternehmen – Unternehmen aus dem DAX, MDAX und SDAX – nutzen 84 der 99 Unternehmen mit einem Nachhaltigkeitsreporting den GRI-Standard (61 haben zum Erhebungszeitpunkt keine entsprechenden Berichte veröffentlicht).

2. Der zweite besonders diskutierte Katalog von Nachhaltigkeitskriterien ist die Richtlinie der *European Federation of Financial Analysts Societies (EFFAS)* mit ihren **ESG-KPIs**. Dieser Finanzprofiverband übernahm die von der *Deutschen Vereinigung für Finanzanalyse und Asset Management (DVFA)* entwickelten Schlüsselindikatoren und veröffentlichte 2010 gemeinsam mit dieser Vereinigung das EFFAS-/DVFA-Rahmenwerk über „Leitlinien zur Integration von ESG in Finanzanalysen und Unternehmensbewertung". Die Kriterien werden in die drei klassischen ESG-Bereiche sowie in „langfristige Profitabilität" (Long-term Viability, V), sprich den Ökonomie-Bereich, aufgeteilt. Unternehmen haben in Abhängigkeit von Offenlegungsstufen und Branchensegmenten unterschiedlich viele Kriterien darzustellen (s. Darst. 2.6). Dieser EFFAS/DVFA-Standard hat insofern eine Aufwertung erfahren, als dass er vom *europäischen Branchenverband für nachhaltige Geldanlagen (European Sustainable Investment Forum, Eurosif)* anerkannt worden ist (vgl. EFFAS und DVFA 2010; Meeh-Bunse und Schomaker 2017, S. 144).

3. Beim dritten Werk handelt es sich um den **Deutschen Nachhaltigkeitskodex (DNK),** den der *Rat für Nachhaltige Entwicklung* im Dialog mit Interessenvertreter*innen aus Politik, Finanzwirtschaft, Unternehmen und zivilgesellschaftlichen Organisationen 2010 entwickelt und 2011 veröffentlicht hat.

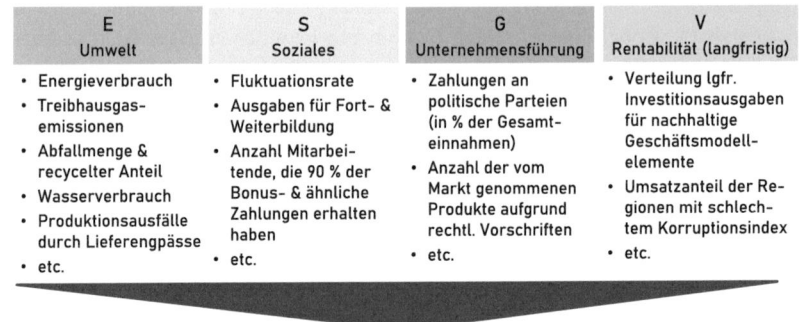

**Darst. 2.6** ESG-KPIs der EFFAS/DVFA. (Quelle: Vgl. EFFAS und DVFA 2010)

Dieser Kriterienkatalog umfasst 20 Kriterien aus vier Bereichen (s. Darst. 2.7). Für bestimmte Kriterien werden ausgewählte Leistungsindikatoren gemäß GRI und EFFAS/DVFA aufgeführt. Der Katalog macht die Erstellung eines generellen Nachhaltigkeitsberichts, aber auch ein spezifisches Nachhaltigkeitsreporting im Sinne der CSR-Richtlinie („nichtfinanzielle Erklärung" gem. § 289c HGB) möglich (vgl. DNK 2021, o. S.; Rat für nachhaltige Entwicklung 2020, S. 8 ff.).

Diese drei Kriterienkataloge sind im Kontext weiterer veröffentlichter Nachhaltigkeitsprinzipien und -anforderungen zu sehen. Hier sind insbesondere das **IIRC-Rahmenkonzept zur integrierten Berichterstattung** auf internationaler Ebene, die **CSR-Richtlinie** sowie die **EU-Taxonomie-Verordnung** auf europäischer Ebene sowie das **BaFin-Merkblatt** zum Umgang mit Nachhaltigkeitsrisiken in Deutschland zu erwähnen (s. Stichwort 2).

## 2.2 ESG(E)-Kriterien und deren Standardisierung

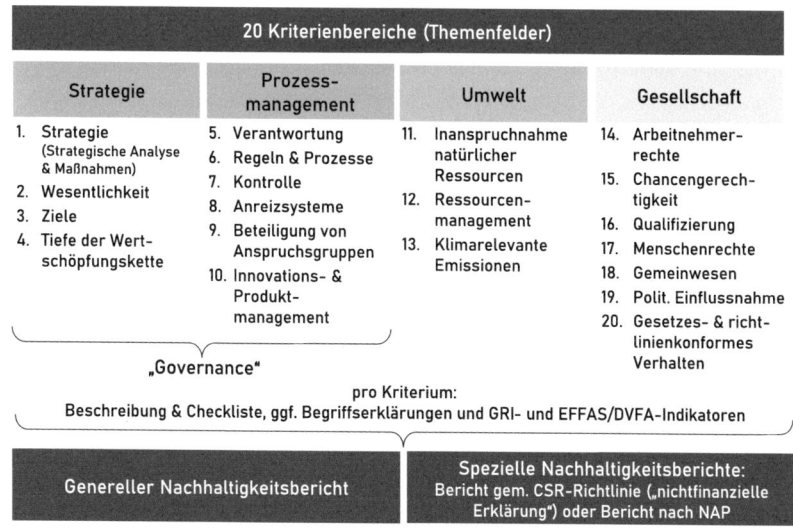

Darst. 2.7 DNK-Kriterien. (Quelle: Vgl. Rat für nachhaltige Entwicklung 2020, S. 7)

**Stichwort 2: ESG(E)-relevante Nachhaltigkeitsprinzipien und -anforderungen**

Um die Gefahr des Silodenkens in bestimmte Kriterienbereiche zu bannen, hat das 2010 gegründete *International Integrated Reporting Committee*, mittlerweile in das *International Integrated Reporting* Council (IIRC) umbenannt, 2013 ein **prinzipienbasiertes Rahmenkonzept zur integrierten Berichterstattung** veröffentlicht. Aus 2021 liegt mittlerweile eine überarbeitete Fassung vor. Mit der Veröffentlichung soll eine integrierte Finanz- und Nachhaltigkeitsberichterstattung forciert werden. Dabei gehen die Anforderungen – anders als der Begriff vordergründig vermuten lässt – über ein reines Reporting hinaus: Es wird eine „echte" integrierte Steuerung finanzieller und nichtfinanzieller Größen im Rahmen eines umfassenden Management- und Controllingansatzes gefordert (vgl. IIRC 2021; Müller 2021, o. S.).

Ein weiterer Meilenstein im Entwicklungsprozess ist die **Corporate-Social-Responsibility-(CSR-)Richtlinie** der *EU* aus 2014, die in *Deutschland* mit dem CSR-Richtlinie-Umsetzungsgesetz in nationales Recht überführt worden ist. Damit ist eine Veröffentlichung bestimmter Kriterien erstmalig in der *EU* verpflichtend geworden, denn bislang galt Freiwilligkeit. Danach haben große börsennotierte Kapitalgesellschaften, Kreditinstitute und Versicherungen mit mehr als 500 Beschäftigen ab dem Geschäftsjahr 2017 eine nichtfinanzielle Berichterstattung zu Umwelt-, Arbeitnehmer-, Sozial-, Menschenrechts- und Korruptionsaspekten mit nichtfinanziellen Leistungsindikatoren vorzunehmen. Dieser „kleine Nachhaltigkeitsbericht" kann entweder im Lagebericht oder als gesonderter Bericht verfasst werden. Welche Art von nichtfinanziellen Indikatoren zu verwenden sind, ist allerdings nicht vorgegeben. Unternehmen können, müssen aber nicht nationale, europäische oder internationale Rahmenwerke nutzen (§§ 289b, 289c, 289d, 340a, 341a HGB).

Art und Umfang der Veröffentlichung werden jedoch zunehmen. Nach dem in 2021 veröffentlichten Vorschlag der *EU-Kommission* zur **CSR-Richtlinienanpassung** soll der Kreis der berichtspflichtigen Unternehmen erweitert werden (Reduzierung der Beschäftigtenanzahl auf 250, sodass in Deutschland die Zahl der berichtspflichtigen Unternehmen von 500 auf rd. 5000 ansteigen würde). Zudem sollen Berichtsinhalte ausgeweitet und präzisiert (u. a. grüne Finanzkennzahlen nach der europäischen Taxonomie-Verordnung) sowie eine Prüfungspflicht für Nachhaltigkeitsberichte eingeführt werden (vgl. PwC Deutschland 2021, o. S.). Noch ein Wort zur **EU-Taxonomie-Verordnung** aus 2020 (vgl. *EU* 2020): Eine Taxonomie ist ein einheitliches Klassifizierungsverfahren, in diesem Fall zur Einordnung von Geschäftsaktivitäten nach deren Umweltauswirkungen. Hintergrund ist der European Green Deal („Klimaneutraler Kontinent 2050"). Für jedes definierte Umweltziel der EU sind – bezogen auf verschiedene Wirtschaftsaktivitäten – Kriterien für eine Nachhaltigkeitsklassifikation festgelegt worden (allerdings nicht abschließend). Hierzu ein Beispiel: Im Hinblick auf das Klimaschutzziel gilt ein Zementhersteller als nachhaltig, wenn bei der Produktion einer Tonne Zement weniger als 498 kg $CO_2$ ausgestoßen werden. Zudem müssen Unternehmen – verpflichtet zu einer nichtfinanziellen Berichterstattung gemäß CSR-Richtlinie – den nachhaltigen Anteil am Umsatz, an ihren Investitionen und an ihren

Betriebsausgaben angeben (im Hinblick auf die ersten beiden Ziele „Klimaschutz" und „Anpassung an den Klimawandel" schon für das Geschäftsjahr 2021). Durch diese Verknüpfung bedeutsamer Finanzkennzahlen mit einer Nachhaltigkeitsbewertung wird ein Taxonomie-Score für Unternehmen geschaffen. So können Investoren eine Beurteilung des ökologischen Nachhaltigkeitsgrads ihres Investments vornehmen (vgl. Kogler 2021a, S. 59; Lindner 2021, S. 22; Zwirner und Boecker 2021, o. S.). Umstritten ist in diesem Zusammenhang der sog. ergänzende delegierte Rechtsakt zur EU-Taxonomie-Verordnung der EU-Kommission Anfang 2022, Atomkraft und Erdgas unter bestimmten Auflagen als klimafreundlich einzustufen. Sofern das Europäische Parlament und der Rat keine Einwände erheben, gilt diese Einstufung ab dem 1. Januar 2023 (vgl. Europäische Kommission 2022, o. S.).

Neben dieser von europäischer Ebene ausgehenden Verpflichtung zur Veröffentlichung von ESG(E)-Kriterien ist auch auf nationaler Ebene ein faktischer Veröffentlichungszwang auszumachen. Als Treiber ist das **Merkblatt zum Umgang mit Nachhaltigkeitsrisiken** der *Bundesanstalt für Finanzdienstleistungsaufsicht (BaFin)* aus 2019 anzusehen. Kreditinstitute müssen danach mehr über ihre Kreditnehmer erfahren, um das Nachhaltigkeitsrisiko bewerten zu können, welches ihrem Kreditportfolio anhaftet. Allerdings sind die Einflüsse von Nachhaltigkeitsrisiken auf die bei der Kreditvergabe etablierten Ratingprozesse schon seit geraumer Zeit zu erkennen gewesen, da Umwelt-, Sozial- und Unternehmensführungsaspekte die Wirtschaftlichkeit, die Marktsituation und die sonstige Performance von Unternehmen mitbestimmen. ESG-Ratings werden mehr und mehr in den Fokus rücken (vgl. Biegert 2021, S. 102).

# Eignung der GRI-, EFFAS/DVFA- und DNK-Kriterien für eine nachhaltige Unternehmensführung

## 3.1 Aufbau des Scoringmodells zur Eignungsanalyse

Eine Unternehmenssteuerung ohne Indikatoren und Kennzahlen ist nicht vorstellbar. „Was du nicht messen kannst, kannst du nicht lenken" hat schon der US-amerikanische Ökonom *Peter Drucker* (1909-2005), ein Pionier der modernen Managementlehre, zum Ausdruck gebracht (Drucker 2021, o. S.).

So bedarf auch eine nachhaltige Unternehmensführung im Hinblick auf eine Formulierung, Überwachung und ggf. Korrektur ökonomischer, sozialer und ökologischer Ziele letztendlich geeigneter Indikatoren bzw. Kennzahlen. Hierbei ist allerdings nicht nur an „klassische" Indikatoren zu denken, sondern im weitesten Sinne ist auch das Vorhandensein eines „Überbaus" mit Organisationsmerkmalen, normativen Rahmenzielen und Managementansätzen als Indikator einer nachhaltigen Unternehmensführung zu werten. Gerade dieser Überbau bringt das nachhaltige „Mindset" zum Ausdruck und kann zumindest mittels der Ausprägung „vorhanden" oder „nicht vorhanden" gemessen werden.

All diese Merkmale können Unternehmen selbst entwickeln, oder sie greifen aus Effizienzgründen auf bekannte ESG(E)-Kriterienkataloge zurück und lassen sich inspirieren. Welcher der drei bisher diskutierten Kataloge eignet sich nun für den Aufbau bzw. Weiterentwicklung einer nachhaltigen Unternehmensführung? Welcher ist der beste?

Mittels eines einfachen Scoringmodells soll die vergleichende Eignungsanalyse der Kriterienkataloge von *GRI*, *EFFAS/DVFA* und *DNK* durchgeführt werden. Kernelement dieses Scoringmodells sind **acht Eignungsanforderungen (Eignungskriterien)**, auf deren Basis eine Bewertung vorgenommen wird:

1. **Abdeckungsbreite:** Die in einem Standardkatalog gelisteten Kriterien sollten die Bereiche „Unternehmensführung", „Ökonomie", „Soziales" und „Umwelt" in einem hohen Maße abdecken. Dadurch würden Management und Controlling eine umfassende „Blaupause" für den individuellen Zuschnitt einer nachhaltigen Unternehmensführung bezogen auf ihr Geschäftsmodell erhalten.
2. **Ausgewogenheit:** Im Sinne des schon dargestellten Triple-Bottom-Line-Ansatzes kann man nur dann von einer nachhaltigen Unternehmensführung sprechen, wenn ökonomische, soziale und ökologische Ziele gleichermaßen verfolgt werden. Insofern sollte die Anzahl der Kriterien für diese Bereiche bestenfalls gleich groß sein.
3. **Vielfalt der Kriterientypen:** Damit eine nachhaltige Unternehmensführung individuell ausgestaltet und beschrieben werden kann, sollten sowohl qualitative (beschreibbare) als auch quantitative (messbare) Kriterien mit absoluten und relativen Kennzahlen vorliegen. Nicht bewertet wird allerdings der Umstand, inwieweit im Katalog aufgeführte absolute oder relative Kennzahlen angemessen sind. Wenn beispielsweise lediglich ein hoher absoluter Betrag für Fort- und Weiterbildungsmaßnahmen gefordert wird, könnte dies irreführend sein. Denn zur Beurteilung der Aktivitäten eines Unternehmens für die (Potenzial-)Entwicklung seiner Mitarbeiter*innen, sind eher die Beträge pro Kopf bedeutsam.
4. **Abstufungen:** Effektive Unternehmenssteuerung macht eine Konzentration auf das Wesentliche notwendig. Deshalb wären Abstufungen in den Katalogen hilfreich, sodass Unternehmen den minimalen Umfang an Kriterien sowie stufenweise Erweiterungen erkennen können. Hierbei sollte insbesondere die Stufe 0 „Gesetzlich vorgegebene Kriterien" deutlich werden. Konkrete Kriterien wie bspw. der nachhaltige Anteil an Umsatz, Investitionen sowie Betriebsausgaben gemäß EU-Taxonomie-Verordnung, aber auch Kriterienbereiche wie etwa die fünf „Pflicht"-Nachhaltigkeitsaspekte der CSR-Richtlinie der EU würden dazu gehören (s. Stichwort 2).
5. **Branchenzuschnitt:** Branchen weisen Spezifika auf. Der Energieverbrauch bspw. bei Unternehmen aus der energieintensiven Stahl- und Chemieindustrie hat einen ganz anderen Stellenwert als bei einem Dienstleistungsunternehmen. Daher soll das branchenrelevante Set an Indikatoren und Kennzahlen erkennbar sein – gerade für Unternehmen, die mit dem systematischen Aufbau einer nachhaltigen Unternehmensführung beginnen.
6. **Betriebsbereichszuordnung:** Um eine nachhaltige Unternehmensführung erfolgreich aufbauen bzw. weiterentwickeln zu können, ist eine Festlegung von Nachhaltigkeitskriterien mit Soll-Werten auf Gesamtunternehmensebene nicht hinreichend genug. Ein Herunterbrechen bzw. Aufteilen auf betriebliche

## 3.1 Aufbau des Scoringmodells zur Eignungsanalyse

Bereiche ist notwendig. Diese Bereiche können bspw. „klassische" betriebliche Funktionen oder Balanced-Scorecard-Perspektiven sein. Eine „generische" Bereichszuordnung würde Unternehmen eine Orientierung geben und somit die Umsetzung erleichtern (s. Stichwort 3).

7. **Kriterien-Beschreibung:** Eine Umsetzung in der Praxis macht eine Beschreibung der Indikatoren bzw. Kennzahlen notwendig. Fragen wie etwa „Was steht im Zähler?", „Was steht im Nenner?" oder „Welche Einzelelemente machen einen Indikator aus?" sollten beantwortet werden. Zudem sind Hinweise zur Bestimmbarkeit der technischen Kriterien hilfreich. Ebenfalls sollten Unternehmen eine möglichst umfangreiche Sammlung von Nachhaltigkeitsberichten aus der Praxis bereitgestellt werden, damit sie von den „Besten lernen können".

8. **Verwendbarkeit für externe Berichterstattung:** Auch wenn es hier um die generelle Eignung der ESG(E)-Kriterien für den internen Aufbau einer nachhaltigen Unternehmenssteuerung geht, könnten Unternehmen einem Offenlegungszwang, sprich einer externen Berichterstattung, unterliegen. Ein mittelständisches Unternehmen könnte bspw. Partner innerhalb einer Lieferkette eines großen börsennotierten Konzerns sein. Damit dieser seine gesetzlich oder aus Image- bzw. Reputationsgründen motivierten Nachhaltigkeitsberichte erstellen kann, benötigt er auch ESG(E)-Daten von seinen Lieferanten. Ebenfalls ist die Fähigkeit, Informationen für Investoren oder sogar speziell für ein ESG-Rating liefern zu können, nicht zu vernachlässigen. Gerade diese Ratings gewinnen an Bedeutung (s. Stichwort 4).

Die Bewertung dieser Eignungsanforderungen wird auf Basis einer Skala von null bis drei Punkten vorgenommen: Sofern (so gut wie) keine Erfüllung vorliegt, werden null Punkte vergeben, bei geringfügigem Erfüllungsgrad ein Punkt, bei mittlerem zwei und bei hohem drei. Die Ergebnisermittlung für die einzelnen Kriterienkataloge erfolgt anschließend durch gleichgewichtete Addition der Punktevergaben für die Eignungsanforderungen; diese Gleichgewichtung wird in Ermangelung anderslautender Hinweise von Unternehmen vorgenommen. Die Stabilität des Gesamtergebnisses und damit die der Eignungsrangfolge der Kriterienkataloge wird abschließend anhand einer Sensitivitätsanalyse überprüft.

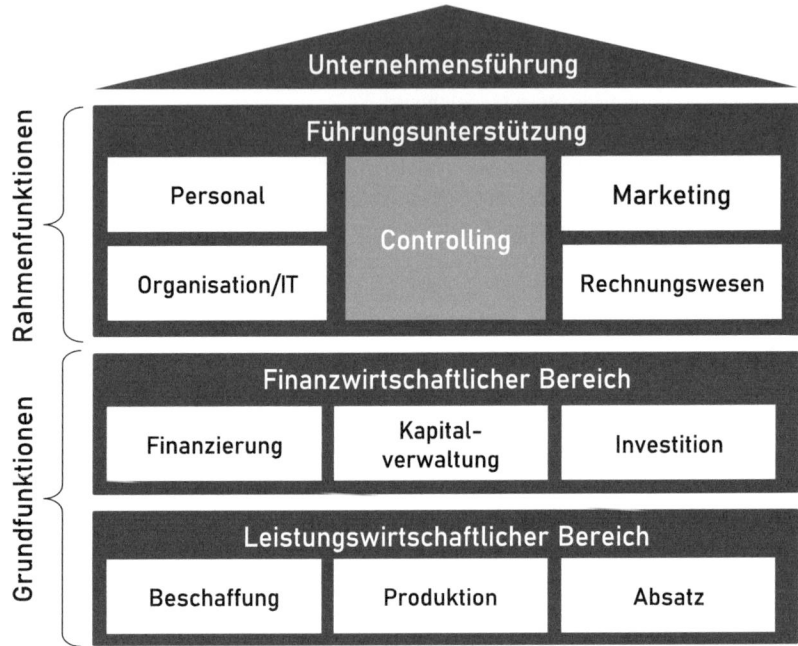

**Darst. 3.1** Klassische betriebliche Funktionen. (Quelle: Vgl. Olfert 2021, S. 30)

> **Stichwort 3: Zuordnung von Nachhaltigkeitskriterien zu Betriebsbereichen (Funktionen)**
> Je nach Betrachtungsmodell können verschiedene betriebliche Bereiche unterschieden werden. Die Darst. 3.1 verdeutlicht die klassische funktionale Gliederung eines Betriebes in Grund- und Rahmenfunktionen (vgl. Olfert 2021, S. 30).
> Sofern eine „Blaupause" für die Zuordnung der ESG(E)-Kriterien zu diesen Funktionen vorliegen würde, könnten Unternehmen relativ schnell „Ross und Reiter" im Betrieb ausfindig machen, die für die Nachhaltigkeitskriterien grds. die Verantwortung zu übernehmen haben. Aufwändige Abstimmungsprozesse über Verantwortlichkeiten würden so eingespart und das Augenmerk in den Betrieben könnte auf unternehmensindividuelle Anpassungen gerichtet werden.

### 3.1 Aufbau des Scoringmodells zur Eignungsanalyse

Eine andere Sichtweise auf betriebliche Bereiche bringt die Balanced-Scorecard-(BSC-)Konzeption zum Ausdruck. Danach „schaut" man klassischerweise aus der Finanz-, Kunden-, Prozess- und Potenzialperspektive auf das Betriebsgeschehen, für die jeweils Ziele, Indikatoren bzw. Kennzahlen, Sollwerte und Maßnahmen zu definieren sind (vgl. Kaplan und Norten 1997). Eine generische Zuweisung der Nachhaltigkeitskriterien zu diesen Perspektiven hätten den Vorteil, dass unter Anwendung der sog. Strategy Map – eine der drei grundlegenden Elemente der BSC – instrumentengeführt ein Denken in Ursachen-Wirkungs-Zusammenhängen von Kriterien auf den verschiedenen Perspektiven forciert wird. Zielharmonien und insbesondere -konflikte würden deutlich werden. Damit könnten Unternehmen Ziele auf fundierter Basis festlegen, Rangfolgen bestimmen sowie frühzeitig Handlungsoptionen gerade für die Konfliktsituationen ins Auge fassen.

**Stichwort 4: ESG-Ratings**
Bei ESG-Ratings handelt es sich um Verfahren zur Bewertung von Unternehmen, einzelnen Finanzprodukten oder Ländern anhand von Umwelt-, Sozial- und Governance-Kriterien und somit deren langfristigen Widerstandsfähigkeit gegenüber entsprechenden Risiken (vgl. MSCI 2022a, o. S.); beim klassischen Rating geht es dagegen um eine Bonitätseinstufung, sprich Einschätzung der Ausfallwahrscheinlichkeit.

Die Relevanz von ESG-Ratings steigt. Investoren und Vermögensverwalter schauen bei Beteiligungs-, Kredit- oder Anlageentscheidungen darauf, wenngleich ein ESG-Rating immer nur ein Puzzlestück in einer eigenständig anzufertigen Nachhaltigkeitsanalyse sein sollte. Finanzierungsnachteile müssen jedoch nicht nur die Unternehmen in Kauf nehmen, die ein schlechtes Rating haben, sondern auch diejenigen, die gar kein Rating vorweisen können. Hier geraten insbesondere kleinere Unternehmen ins Hintertreffen; sie haben schlichtweg weniger Ressourcen für einen Ratingprozess (vgl. Kögler 2021d, S. 25 f.).

Mittlerweile gibt es ein breites Feld an Agenturen, die ESG-Ratings erstellen (s. Darst. 3.2).

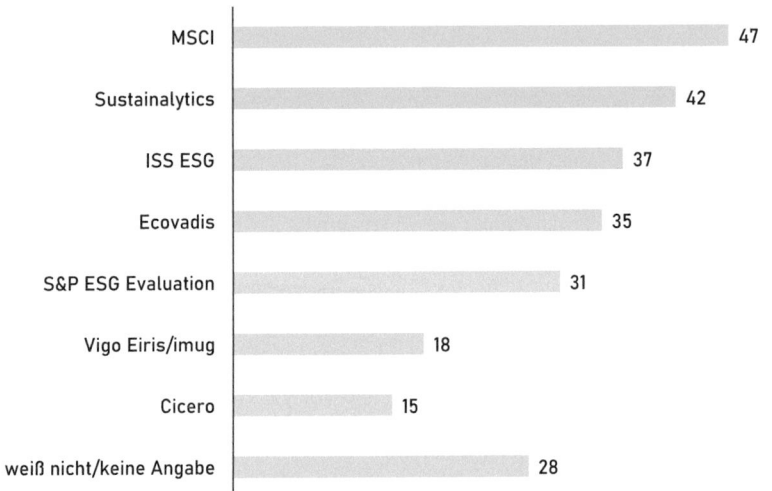

**Darst. 3.2** ESG-Ratingagenturen. (Quelle: *LBBW, FINANCE/F.A.Z Business Media research,* zitiert nach: Kögler 2021d, S. 26)

„Die Krux mit den ESG-Ratings" (Kögler 2021d, S. 25) ist allerdings die, dass es kein einheitliches Vorgehen bei der Nachhaltigkeitsbewertung gibt. Auf **Best-in-Class-Noten** setzt bspw. *Morgan Stanley Capital International (MSCI)*, ein Finanzdienstleister, der generell Branchen- und Länderindizes bereitstellt. Hierbei muss man allerdings berücksichtigen, dass der oder die Beste immer noch ökologisch oder anderweitig bedenkliche Geschäftsaktivitäten wahrnimmt, zumal umweltbelastende Branchen nicht ausgeschlossen werden. Oder anders formuliert: Der „Einäugige unter den ökologisch Blinden" kann hier immer noch König sein.

Branchenübergreifende, absolute Bewertungen erstellt dagegen *Sustainalytics,* welches zum Fondsbewertungshaus *Morningstar* gehört. „Sie können bei unserem Rating die Bewertung eines Ölkonzerns durchaus

3.1 Aufbau des Scoringmodells zur Eignungsanalyse 23

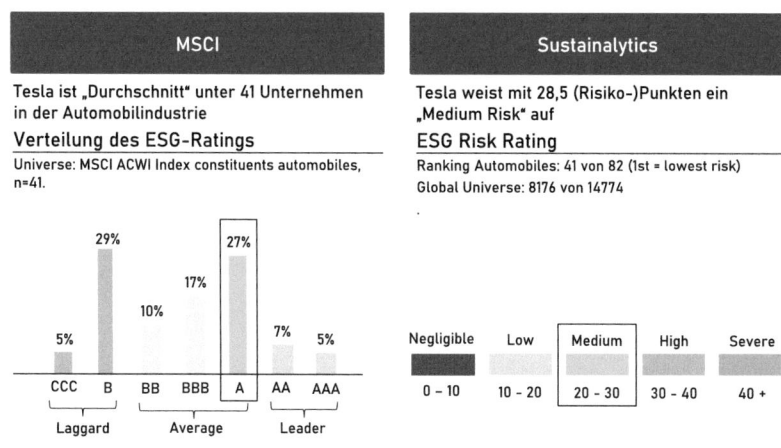

**Darst. 3.3** ESG-Ratings von Tesla nach MSCI und Sustainalytics. (Quelle: In Anlehnung an MSCI 2022b, o. S.; Sustainalytics 2022, o. S.)

mit der eines Softwarekonzerns vergleichen", betont Marcel Leistenschneider, Manager für Sustainable Finance Solutions Commercial bei diesem Unternehmen (vgl. Kögler 2021b, o. S.).

Ebenfalls absolute Bewertungen nimmt *ISS ESG* vor, der Ratingarm von *Institutional Shareholder Service (ISS).* Es handelt sich hierbei um ein Tochterunternehmen der *Deutschen Börse,* das globale (Finanz-)Daten, Analysen und Research für Investoren und Unternehmen anbietet.

Neben unterschiedlichen Herangehensweisen bestehen auch Unterschiede hinsichtlich der Ergebnisdarstellungen: *MSCI* verwendet eine Buchstaben-Ratingskala mit sieben Stufen von AAA (Bestnote) bis CCC (vgl. MSCI 2022a, o. S.), *Sustainalytics* vergibt Risikopunkte in einer Skala von 0 bis 100, die in fünf Klassen unterteilt wird. Unternehmen mit bis zu zehn Punkten gehören der besten Klasse „Negligible" (vgl. Sustainalytics 2022, o. S.). Wie nach diesen beiden Agenturen das Ratingergebnis dargestellt werden kann, geht aus der Darst. 3.3 mit der Nachhaltigkeitsbewertung des US-amerikanischen Automobilherstellers Tesla hervor.

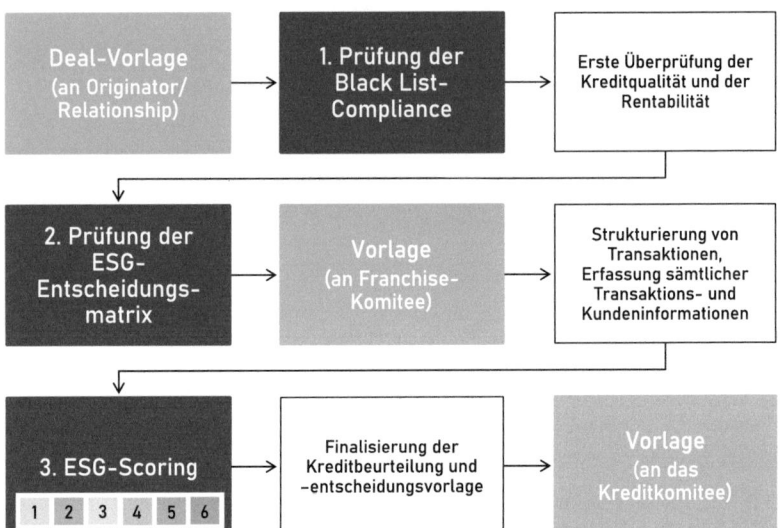

**Darst. 3.4** ESG-Ratingansätze im Kreditvergabeprozess der Hamburg Commercial Bank AG. (Quelle: In Anlehnung an Hamburg Commercial Bank AG 2021, S. 9)

Die Vielfalt der Ratingansätze wird allerdings nicht zwingend negativ beurteilt, denn bei allzu viel Gleichklang drohen Herdenverhalten und damit Konzentrationsrisiken. Die verschiedenen Methoden sollten erhalten werden, ist in der laufenden Debatte über eine mögliche Regulierung der Ratingagenturen immer wieder zu hören (vgl. Kögler 2021d, S. 26 f.).

Neben diesen von Agenturen erstellten Ratings berücksichtigen Banken – wie im Zusammenhang mit dem BaFin-Merkblatt zur Nachhaltigkeitsrisiken angedeutet (s. Stichwort 2) – mehr und mehr ESG-Kriterien bzw. entsprechende Ratingansätze im Kreditvergabeprozess. Wie dies beispielsweise aussehen kann, verdeutlicht der Prozess bei der Hamburg Commercial Bank AG (HCOB), einer privatisierten Landesbank mit einer Bilanzsumme von rd. 34 Mrd. € (vgl. Hamburg Commercial Bank AG 2021, S. 6 ff.).

Wie aus der Darst. 3.4 hervorgeht, werden an drei Stellen im Prozess ESG-Bewertungen vorgenommen. Im ersten Schritt „Prüfung Black-List-Compliance" filtert die HCOB nicht mehr erwünsche Geschäfte heraus. Dies sind Geschäfte mit Ländern, die ein sehr hohes Maß an Korruption aufweisen oder Geschäfte mit Unternehmen aus nicht ESG-konformen Sektoren. Hierzu zählen bspw. Bergbaubetriebe oder Unternehmen aus der Rüstungsgüterindustrie. Im zweiten Schritt „Prüfung der ESG-Entscheidungsmatrix" wird das Vorgehen bei Finanzierungen von teilweise nicht nachhaltigen Aktivitäten konkretisiert; es handelt sich hierbei um Unternehmen, die Black-List-Geschäftsaktivitäten noch in einem bestimmten Umfang durchführen. Eine von der HCOB definierte ESG-Entscheidungsmatrix liefert eine Orientierungshilfe für verschiedene Fallkonstellationen. Der dritte und letzte Schritt „ESG-Scoring" hat die Ermittlung des ESG-Grades in Form von Punkten bzw. einer Zuordnung zu einer Stufe innerhalb einer sechsstufigen Skala zum Gegenstand. Die Stufe 1 bedeutet einen hohen ESG-Grad (bestmögliches Ergebnis), Stufe 5 und 6 führen grundsätzlich zur Ablehnung der Transaktion. Grundlage des ESG-Scorings bilden 34 Fragen zu Umwelt-, Sozial- und Governance-Belangen.

## 3.2 Bewertung der Kriterienkataloge anhand der Eignungsanforderungen

1. **Abdeckungsbreite**
Im Hinblick auf die Abdeckungsbreite überzeugen die Kriterienkataloge von **GRI** und **EFFAS/DVFA** mit jeweils weit über 200 Kriterien über alle vier ESG(E)-Dimensionen (s. Darst. 3.5 und 3.6). Bei den GRI-Kriterien könnte auch eine höhere Anzahl angegeben werden, wenn die z. T. geforderte differenzierte Darstellung der Leistungsindikatoren und die freiwilligen Ergänzungsinformationen („Empfehlungen", „Sollte-Angaben") miteinbezogen und zusätzliche Kriterien gewertet werden. Ebenfalls ist der Nachhaltigkeitsbereich „Unternehmensführung" umfangreicher als die aufgeführte Kriterienanzahl suggeriert. Denn jedes der 34 Themenfelder aus Ökonomie, Ökologie und Soziales umfasst auch den „Managementansatz" als obligatorisches Kriterium. Der DNK-Katalog weist dagegen mit 154 Kriterien deutlich weniger als die anderen Kataloge aus (Hinweis: Die 20 ausgewiesenen Kriterien

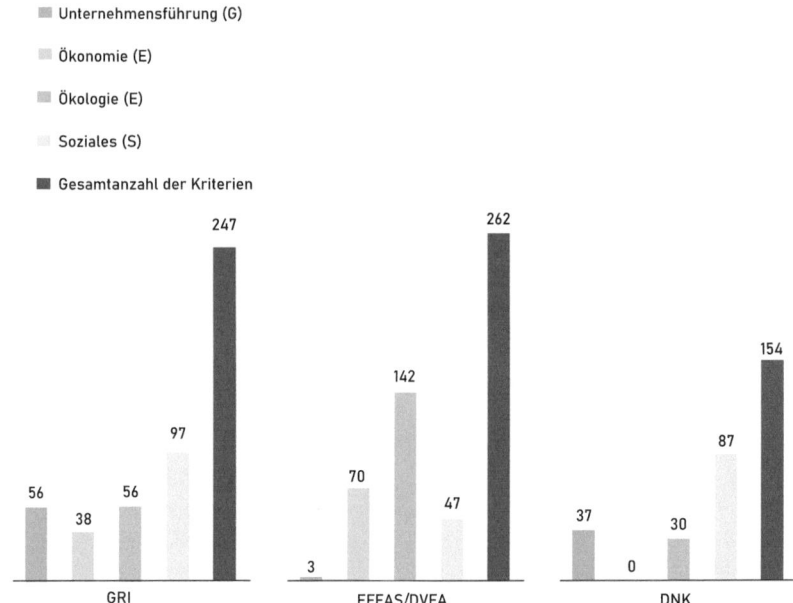

**Darst. 3.5** Abdeckungsbreite der Standardkriterien von GRI, EFFAS/DVFA und DNK. (Quelle: Vgl. DNK 2021; EFFAS und DVFA 2010; GRI 2016)

sind als Themenfelder aufgefasst worden, da sie z. T. mittels GRI- oder EFFAS/DVFAS-Kriterien differenzierter darzustellen sind). Im DNK-Katalog werden Kennzahlen aus den Bereichen Umwelt, Soziales und Unternehmensführung vorgeschlagen, jedoch wird der Bereich Ökonomie nicht abgedeckt.

Aufgrund der **hohen Anzahl an KPIs über alle vier Bereiche** wird **sowohl GRI als auch EFFAS/DVFA** ein **hoher Erfüllungsgrad (3 Punkte)** attestiert. Beim *DNK*-Kriterienkatalog führt die **mangelnde Abdeckung** des **ökonomischen Bereichs zur Abwertung (keine Erfüllung, 0 Punkte)**.

2. **Ausgewogenheit**

In Bezug auf die **Ausgewogenheit** lässt sich feststellen, dass sowohl das Kriteriensystem der EFFAS als auch jenes des DNK **mehr als 50 % der Kriterien eines einzigen Themenfeldes** aufweist: Bei der EFFAS ist dies der Themenbereich Ökologie während der DNK mehr als die Hälfte der Kennzahlen zum

## 3.2 Bewertung der Kriterienkataloge anhand der Eignungsanforderungen

| Bereich | GRI-Kriterien Themenfelder (mit Kriterienanzahl) | | EFFAS/DVFA-Kriterien Themenfelder (mit Kriterienanzahl) | | DNK-Kriterien Themenfelder (mit Kriterienanzahl) | |
|---|---|---|---|---|---|---|
| G Unternehmensführung | 1 Themenfeld: <br> • Allg. Angaben (56) | 56 | 3 Themenfelder <br> • Beiträge an politische Parteien (1) <br> • … <br> • Zurückgezogene Produkte (1) | 3 | 10 Themenfelder <br> • Strategie (3) <br> • … <br> • Innov.- & Produktmanagement (6) | 37 |
| E Ökonomie | 7 Themenfelder: <br> • Wirt. Leistung (7) <br> • … <br> • Steuern (7) | 38 | 30 Themenfelder <br> • Liquiditätsrisiken (1) <br> • … <br> • Preise Gesundheitswesen (1) | 70 | | 0 |
| E Ökologie | 8 Themenfelder: <br> • Material (6) <br> • … <br> • Öko-Bewertung Lieferanten (5) | 56 | 40 Themenfelder <br> • Energieeffizienz (1) <br> • … <br> • Nachfüllrate Kältemittel (1) | 142 | 3 Themenfelder <br> • Inanspr. natürl. Ress. (2) <br> • … <br> • Klimarelevante Emissionen (16) | 30 |
| S Soziales | 19 Themenfelder: <br> • Beschäftigung (6) <br> • … <br> • Compliance (4) | 97 | 24 Themenfelder <br> • Personalfluktuation (1) <br> • … <br> • Service-Qualität (5) | 47 | 7 Themenfelder <br> • Arbeitnehmerrechte (5) <br> • … <br> • Verhalten (§§/RL) (14) | 87 |
| Gesamtsumme | | 247 | | 262 | | 154 |

**Darst. 3.6** Themenfelder und Standardkriterien von GRI, EFFAS/DVFA und DNK. (Quelle: Vgl. DNK 2021; EFFAS und DVFA 2010; GRI 2016)

Thema Soziales hat, wie es der Darst. 3.7 zu entnehmen ist. Das Kriteriensystem des GRI weist keine solche starke Häufung auf und ist insgesamt das thematisch ausgewogenste der drei Systeme. Für den **GRI-Standard** werden

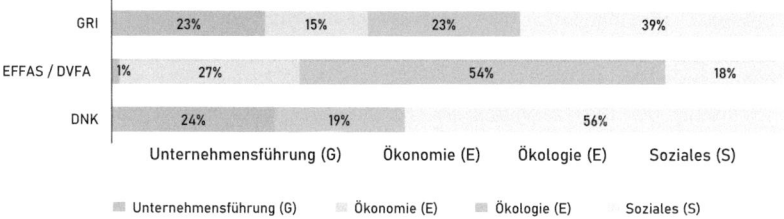

**Darst. 3.7** Ausgewogenheit der Standardkriterien von GRI, EFFAS/DVFA und DNK. (Quelle: Vgl. DNK 2021; EFFAS und DVFA, 2010; GRI 2016)

daher in Bezug auf die **Ausgewogenheit drei Punkte** vergeben. Der Standard der EFFAS weist neben der Problematik der großen Häufung an Ökologie-KPIs in Bezug auf die Ausgewogenheit zusätzlich die Schwäche auf, dass nur ungefähr 1 % (3 von 262 KPIs) der Kennzahlen zum Themenbereich Unternehmensführung sind. Daher erhält der **EFFAS-Standard nur einen Punkt** für seine **Ausgewogenheit**. Das Kennzahlensystem des **DNK** liegt in Bezug auf seine Ausgewogenheit zwischen den beiden anderen Systemen und wird mit **zwei Punkten** bewertet.

3. **Vielfalt der Kriterientypen**
   **Allen Kriterienkatalogen** kann ein **hoher Erfüllungsgrad** (3 Punkte) attestiert werden: Sie weisen quantitative und qualitative sowie auch absolute und relative Kennzahlen auf. Nicht in die Bewertung einbezogen wurde allerdings die Angemessenheit einer absoluten oder relativen Zahl für den jeweiligen Nachhaltigkeitsbereich. Im Einzelfall kann eine Änderung (Tausch) oder eine Ergänzung – Beschreibung eines Sachverhalts durch absolute und/oder relative Kennzahlen – sinnvoll sein. So wäre es nicht anwendungsnah, den totalen Energieverbrauch eines Dienstleistungsunternehmens mit dem eines Industrieunternehmens zu vergleichen, da die Geschäftskonzepte der Unternehmen sich zu stark unterscheiden. Dieses Vergleichsproblem könnte mittels Intensitätswerten (relative Kennzahlen) abgemildert werden, wofür die totalen Angaben ins Verhältnis zum Umsatz, Gewinn, Absatz oder Mitarbeiter gesetzt werden.

4. **Abstufungen**
   Bei diesem Anforderungsmerkmal überzeugt *EFFAS/DVFA* mit den drei „Scopes" (s. Darst. 3.8), die nach Branchensegmenten differenziert dargestellt werden. Ein hoher Erfüllungsgrad kann allerdings nicht zuerkannt werden, sondern nur ein **mittlerer Erfüllungsgrad** (2 Punkte), da die Stufe 0 „Gesetzliche Vorgaben" nicht zu erkennen ist. *GRI* mit seinen zwei „einfachen" Stufen – Pflichtangaben und ergänzenden Informationen – kann gerade noch ein **niedriger Erfüllungsgrad** (1 Punkt) zugewiesen werden; die Stufe 0 wird ebenfalls nicht deutlich. Anders sieht es bei *DNK* aus. Hier werden die zur Erfüllung der EU-Taxonomie-Verordnung oder der CSR-Richtlinie notwendigen Indikatoren herausgestellt (vgl. DNK 2022a, S. 2 ff.). Da allerdings eine weitergehende, stufenweise Differenzierung analog zum *EFFAS/DVFA*-Ansatz nicht erfolgt, kann lediglich ein niedriger Erfüllungsgrad zugewiesen werden (1 Punkt).

## 3.2 Bewertung der Kriterienkataloge anhand der Eignungsanforderungen

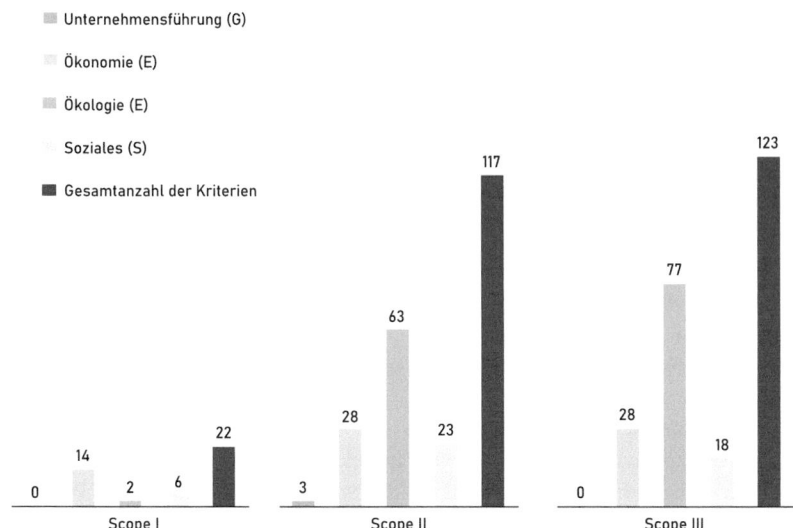

**Darst. 3.8** Abstufungen der EFFAS/DVFA-Standardkriterien. (Quelle: Vgl. EFFAS und DVFA 2010)

5. **Branchenzuschnitt**
Die *EFFAS/DVFA*-Kriterien werden differenziert nach 114 Branchensegmenten auf der Grundlage des Dow Jones Industry Classification Benchmark (ICB) ausgewiesen. Beispiele gehen aus der Darst. 3.9 hervor: Für das Seg-

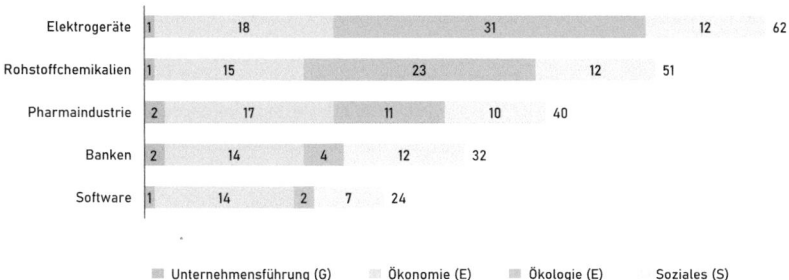

**Darst. 3.9** EFFAS/DVFA-Kriterienanzahl für ausgewählte Branchensegmente. (Quelle: Vgl. EFFAS und DVFA 2010)

ment „Elektrogeräte" – *Siemens* würde dazu zählen – sind 62 Indikatoren zu beschreiben, *SAP* aus dem Segment „Software" müsste dagegen nur 24 Kriterien darlegen. Insofern liegt ein **hoher Erfüllungsgrad** vor (3 Punkte). Beim *GRI* sind Kennzahlen nach Branchenzuschnitt derzeit in Arbeit. Insgesamt sind für 40 Branchensektoren Indikatoren geplant. Zwei Sektoren sind auch schon fertiggestellt und veröffentlicht: Öl/Gas und zuletzt Kohle im ersten Quartal des Jahres 2022. Aufgrund dieses bislang in ersten Ansätzen vorhandenen Branchenzuschnitts wird der Erfüllungsgrad des *GRI*-Kriterienkatalogs hier als **niedrig** eingestuft (1 Punkt). *DNK* liefert branchenspezifische Ergänzungen, die Orientierungen für die Ausgestaltung einzelner Kriterien geben. Da bisher lediglich dreizehn solcher Ergänzungen vorliegen, kann höchstens ein **niedriger Erfüllungsgrad** (1 Punkt) beschieden werden.

6. **Betriebsbereichszuordnung**
Bei keinem Kriterienkatalog ist eine hinreichende Betriebsbereichszuordnung zu erkennen; diese **Anforderung** wird durchgängig **nicht erfüllt** (0 Punkte). Die Standardsetzer bieten somit keine Hilfestellung bei der Umsetzung, welche Unternehmensbereiche, wie etwa Beschaffung, Produktion oder Absatz, grds. für bestimmte KPIs verantwortlich sein sollten.

7. **Kriterien-Beschreibung**
*GRI* **erfüllt** diese **Anforderung im hohen Maße** (3 Punkte). Einerseits liegen für alle 35 Themenfelder separate Dokumente vor, die sowohl den Aufbau der Kennziffern beschreiben („Was gehört in den Zähler, was in den Nenner?"), als auch weiterführende Anleitungen u. a. mit Hintergrundinformationen und zu Bewertungsansätzen liefern. Darüber hinaus ermöglicht *GRI* einen Zugriff auf eine downloadfähige (Excel-)Liste von über 4.500 Reports von verschiedenen Institutionen, aufgestellt nach GRI-Standards. Interessierte Unternehmen können eine Selektion beispielsweise nach Reporttyp, Ländern oder Veröffentlichungsjahr vornehmen, um das passende „Anschauungsmaterial" zu finden (vgl. GRI 2020, o. S.). *EFFAS/DVFA* liefern dagegen lediglich knappe Beschreibungen der Indikatoren; eine auswertbare Datenbank mit beispielhaften Reports wird nicht bereitgestellt. Somit liegt ein **niedriger Erfüllungsgrad** vor (1 Punkt). Bei den einzelnen *DNK*-Kriterien liegen Beschreibungen, Checklisten im Hinblick auf darzustellende Aspekte sowie vielfach Begriffserklärungen vor. Zudem ermöglicht eine Datenbank die Einsicht von Reports, wobei der Umfang mit rund 700 Berichten wesentlich kleiner ist als bei *GRI*.

## 3.2 Bewertung der Kriterienkataloge anhand der Eignungsanforderungen

Eine Filterung wie etwa nach Branche, Unternehmenstyp oder Beschäftigtenanzahl ist möglich (vgl. DNK 2022b, o. S.). Vor diesem Hintergrund wird ein **mittlerer Erfüllungsgrad** (2 Punkte) gesehen.

8. **Verwendbarkeit für externe Berichte**
Alle Kriterienkataloge können zur „Pflichtübung" einer nichtfinanziellen Berichterstattung gemäß umgesetzter CSR-Richtlinie genutzt werden. Eine Studie des *Deutschen Rechnungslegungs Standards Committee e. V. (DRSC)* über 100 repräsentativ ausgewählten Unternehmen aus den Jahren 2017–2019 zeigt dies deutlich (vgl. DRSC 2021, S. 77). Wie häufig welche Kriterienkataloge genutzt werden, geht aus der Darst. 3.10 hervor. Theoretisch könnte ein Katalog über diese drei Jahre 300 Mal genutzt werden.

Zur abschließenden Bewertung der Kriterienkataloge im Hinblick auf die Verwendbarkeit für eine externe Berichterstattung ist aber die Eignung nicht nur für diese nichtfinanzielle, sondern auch für generelle Nachhaltigkeitsberichte bedeutsam. Hier gilt der ***GRI*-**Katalog als globaler, internationaler Standard. Die schon angesprochene internationale Liste mit Reports verschiedener Institutionen kann mit als ein Indikator für den breiten Anerkennungsgrad gewertet werden. Insofern kann ein **hoher Erfüllungsgrad** (3 Punkte)

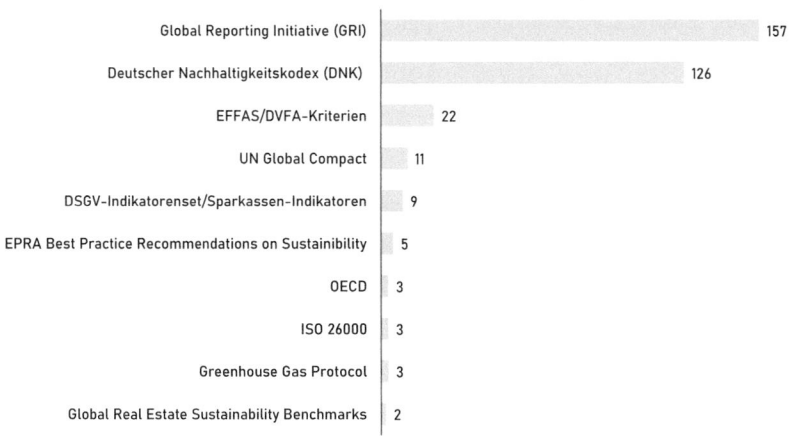

**Darst. 3.10** Top 10 der Standardkriterienkataloge für die nichtfinanzielle Berichterstattung (CSR-Richtlinie). (Quelle: DRSC 2021, S. 77)

zugewiesen werden. Anders sieht es bei dem *DNK*-Katalog aus. Prinzipiell ermöglicht er auch eine generelle Nachhaltigkeitsberichterstattung. In der Praxis gilt er jedoch als „Einsteiger"-Katalog mit primärer Ausrichtung auf nationale, nicht börsennotierte Unternehmen. Fast ausschließlich Unternehmen mit Sitz in Deutschland verwenden diesen Standard (766 von aktuell 776 erfassten Unternehmen), und ledig knapp 7 % aller in der DNK-Datenbank aufgeführten Unternehmen sind an der Börse gelistet (vgl. DNK 2022b, o. S.). Daher kann nur ein **mittlerer Erfüllungsgrad** (2 Punkte) beigemessen werden. Auch wenn die *EFFAS/DVFA*-KPIs beim Ranking für die nichtfinanzielle Berichterstattung einen deutlichen Abstand zu den anderen aufweisen, wird dennoch ein **hoher Erfüllungsgrad** (3 Punkte) gesehen. Er ist insbesondere für kapitalmarktorientierte Gesellschaften gedacht, auch wenn er grundsätzlich für alle Unternehmen unabhängig von Größe, Betätigungsfeld und Rechtsform ausgelegt ist. Die internationale Anwendbarkeit ist zudem durch die Anerkennung vom europäischen Branchenverband für nachhaltige Geldanlagen *Eurosif* untermauert worden.

## 3.3 Aggregation der Bewertungen

Im Falle einer gleichgewichteten Aggregation der Bewertungen der acht Eignungsanforderungen liegen die Kriterienkataloge von *GRI* und *EFFAS/DVFA* deutlich vor dem *DNK*-Katalog (s. Darst. 3.11), wobei der *GRI* mit 13 Punkten Vorsprung knapp vor dem Kriterienkatalog der *EFFAS/DVFA* liegt (Hinweis: Punktwerte sind auf ganze Zahlen auf- bzw. abgerundet worden.).

Es ist allerdings hierbei zu berücksichtigen, dass selbst die beiden Spitzenreiter – gemessen an der Maximalpunktzahl – keinen hohen Erreichungsgrad aufweisen: Lediglich 71 % *(GRI)* bzw. 67 % *(EFFAS/DVFA)* schlagen zu Buche, was nach der Schulnotenlogik nur mit einem „Befriedigend" zu bewerten wäre. Die Ergebnisse sind relativ stabil. Mit Hilfe einer Sensitivitätsanalyse kann dies verdeutlicht werden: Wenn Unternehmen beispielsweise die Eignungskriterien „Abdeckungsbreite", „Ausgewogenheit" sowie „Kriterienbeschreibung" gegenüber den andern fünf Kriterien für etwas bedeutsamer ansehen und höher gewichten (2,4 Prozentpunkte mehr als die anderen), schneidet der *GRI*-Katalog immer noch etwas besser ab als die *EFFAS/DVFA*-Standards. *DNK*-Kriterien belegen weiterhin abgeschlagen den letzten Rang (s. Darst. 3.12).

## 3.3 Aggregation der Bewertungen

| Nr. | Eignungs-anforderungen | Gewicht (G) | GRI Punkte (P) | GRI G×P | EFFAS/DVFA Punkte (P) | EFFAS/DVFA G×P | DNK Punkte (P) | DNK G×P |
|---|---|---|---|---|---|---|---|---|
| 1 | Abdeckungsbreite | 12,5 | 3 | 38 | 3 | 38 | 0 | 0 |
| 2 | Ausgewogenheit | 12,5 | 3 | 38 | 1 | 13 | 2 | 25 |
| 3 | Vielfalt der Kriterientypen | 12,5 | 3 | 38 | 3 | 38 | 3 | 38 |
| 4 | Abstufungen | 12,5 | 1 | 13 | 2 | 25 | 1 | 13 |
| 5 | Branchenzuschnitt | 12,5 | 1 | 13 | 3 | 38 | 1 | 13 |
| 6 | Betriebsbereichs-zuordnung | 12,5 | 0 | 0 | 0 | 0 | 0 | 0 |
| 7 | Kriterienbeschreibung | 12,5 | 3 | 38 | 1 | 13 | 2 | 25 |
| 8 | Verwendbarkeit für externe Bericht | 12,5 | 3 | 38 | 3 | 38 | 2 | 25 |
|  |  | 100 |  | 213 |  | 200 |  | 138 |
|  | Erreichungsgrad Maximalpunktzahl |  |  | 71% |  | 67% |  | 46% |

**Darst. 3.11** Ergebnis der Eignungsanalyse der GRI-, EFFAS/DVFA- und DNK-Kriterien

| Nr. | Eignungsanforderungen | Gewicht (G) | GRI | | EFFAS/DVFA | | DNK | |
|---|---|---|---|---|---|---|---|---|
| | | | Punkte (P) | G×P | Punkte (P) | G×P | Punkte (P) | G×P |
| 1 | Abdeckungsbreite | 14,0 | 3 | 42 | 3 | 42 | 0 | 0 |
| 2 | Ausgewogenheit | 14,0 | 3 | 42 | 1 | 14 | 2 | 28 |
| 3 | Vielfalt der Kriterientypen | 11,6 | 3 | 35 | 3 | 35 | 3 | 35 |
| 4 | Abstufungen | 11,6 | 1 | 12 | 2 | 23 | 1 | 12 |
| 5 | Branchenzuschnitt | 11,6 | 1 | 12 | 3 | 35 | 1 | 12 |
| 6 | Betriebsbereichszuordnung | 11,6 | 0 | 0 | 0 | 0 | 0 | 0 |
| 7 | Kriterienbeschreibung | 14,0 | 3 | 42 | 1 | 14 | 2 | 28 |
| 8 | Verwendbarkeit für externe Bericht | 11,6 | 3 | 35 | 3 | 35 | 2 | 23 |
| | | 100 | | 219 | | 198 | | 137 |
| | | Erreichungsgrad Maximalpunktzahl | | 73% | | 66% | | 46% |

**Darst. 3.12** Sensitivitätsanalyse der Eignungsbewertung

# Fazit in zwölf Thesen

4

1. **Nachhaltiges Handeln** wird angesichts zunehmender Erschöpfung natürlicher Ressourcen der Erde, der Umweltzerstörung sowie des Klimawandels immer bedeutsamer. Die allgemeine Sensibilisierung für dieses Thema zeigt sich in den Umwelt- und Nachhaltigkeitspolitiken vieler Länder – sowohl auf internationaler als auch nationaler Ebene: Der Klimapakt von *Glasgow*, der Green Deal der *EU* oder das Lieferkettengesetz in *Deutschland* bzw. der entsprechende Richtlinienentwurf in der *EU* sind Beispiele hierfür.
2. Angesichts dieser Rahmenbedingungen wird eine nachhaltige Unternehmensführung mehr und mehr zum **Schlüssel für erfolgreiche Geschäftsmodelle.** Im Sinne des Triple-Bottom-Line-Ansatzes wird unter einer solchen Unternehmensführung eine gleichrangige Verfolgung ökonomischer, sozialer und ökologischer Ziele verstanden; beim modifizierten „People-Planet-Profit"-Ansatz, so wie der Ansatz auch genannt wird, genießt die ökonomische Zielsetzung allerdings einen Vorrang.
3. Der Begriff **„ESG-Kriterien"** aus der Finanzwirtschaft wird zunehmend als Synonym für nachhaltiges Handeln in der Wirtschaft verwendet – für ein Handeln unter Berücksichtigung von Umwelt- („Environment") und Sozialaspekten („Social") sowie dem Aspekt einer verantwortungsvollen („guten" bzw. „fairen") Unternehmensführung („Governance"). Zur Kennzeichnung einer nachhaltigen Unternehmensführung fehlt jedoch der Ökonomie-Aspekt („Economy"); im Sinne des Triple-Bottom-Line-Ansatzes sollte aus Gründen der Vollständigkeit besser von ESG(E)-Kriterien gesprochen werden.
4. Im Zuge der Entwicklung von Nachhaltigkeitsprinzipien und -forderungen haben sich verschiedene **Standardkataloge solcher Nachhaltigkeitskriterien** entwickelt. Nach dem Anwendungsumfang für die Nachhaltigkeitsberichterstattung und dem institutionellen Anerkennungsgrad zählen die

Standardkriterien der *Global Reporting Initiative (GRI)*, der *European Federation of Financial Analysts Societies (EFFAS)* bzw. der *Deutschen Vereinigung für Finanzanalyse und Asset Management (DVFA)* sowie des *Rats für Nachhaltige Entwicklung (Deutscher Nachhaltigkeitskodex, DNK)* zu den führenden, gerade für deutsche Unternehmen relevantesten Katalogen.
5. Die Frage, ob diese Standards als „die" Schlüssel zum Aufbau bzw. zur Weiterentwicklung einer nachhaltigen Unternehmensführung angesehen werden können, muss jedoch verneint werden. Die Bewertung auf Basis eines **Scoringmodells mit acht Eignungsanforderungen** verdeutlicht, dass im Hinblick auf die Maximalpunktzahl bestenfalls ein Erreichungsgrad von 71 % vorliegt; nach der Schulnotenlogik entspricht dies dem Prädikat „Befriedigend". Einzeln betrachtet kann kein Kriterienwerk als ein umfassender, hinreichend differenzierter Orientierungsrahmen für ein an der Nachhaltigkeit interessiertes Management und Controlling aufgefasst werden.
6. **Mängel** bestehen durchweg bei allen Katalogen bei einer generischen Zuordnung zu betrieblichen Bereichen wie etwa „klassischen" betrieblichen Funktionen, um Unternehmen eine Umsetzungsorientierung zu geben; denn letztendlich werden in den operativen Einheiten die Nachhaltigkeitserfolge erzielt, nicht in der fernen Unternehmenszentrale. Ein weiteres Defizit besteht in der verbesserungswürdigen Abstufung der Kriterien. Unternehmen sollten erkennen können, was der minimale Umfang an Nachhaltigkeitskriterien ist (gesetzliche Anforderungen) und wie eine stufenweise Erweiterung aussehen könnte.
7. Im Hinblick auf die **Rangfolge** liegen die Nachhaltigkeitskriterien von *GRI* (Erreichungsgrad gemessen an der Maximalpunktzahl 71 %) und *EFFAS/DVFA* (67 %) deutlich vor den *DNK*-Kriterien (46 %). Damit liegt der Katalog des *GRI* ganz knapp vor dem der *EFFAS/DVFA*. Die durchgeführte Sensitivitätsanalyse unterstreicht die Stabilität dieser Bewertung.
8. Die **Stärken** der ***GRI*-Kriterien** liegen insbesondere in der Abdeckungsbreite und der Ausgewogenheit bei der Abdeckung der Umwelt-, Sozial-, Governance- und Ökonomie-Aspekte sowie in der umfassenden Beschreibung der Nachhaltigkeitskriterien. Mit der downloadfähigen Liste von über 4.500 Reports von verschiedenen Institutionen weltweit ermöglicht *GRI* das Auffinden von Anschauungs- und Lehrmaterial für die Unternehmenspraxis. *EFFAS/DVFA* überzeugt insbesondere mit dem Zuschnitt der Kriterien auf weit über 100 Branchen. Beide Standards weisen ebenfalls einen hohen Eignungsgrad bei der Vielfalt der Kriterientypen und der Verwendbarkeit für externe Berichterstattungen auf.

## 4 Fazit in zwölf Thesen

9. Vor dem Hintergrund der aufgezeigten **Kriterien-Stärken bzw. -Schwächen** sollten sich Unternehmen beim Aufbau bzw. Weiterentwicklung ihrer nachhaltigen Unternehmensführung zunächst an den jeweiligen Stärken der *GRI*- und *EFFAS/DFVA*-Kriterienkataloge orientieren. Hierbei kann ein Blick in die *DNK*-Kriterien hilfreich sein, da bei bestimmten Themen auf einzelne *GRI*- und *EFFAS/DFVA*-Kriterien verwiesen wird und damit Zusammenhänge herausgestellt werden.
10. Diese notgedrungene Befassung mit mehreren Standardwerken könnte jedoch entfallen, wenn die Standardsetzer die verschiedenen ESG(E)-Kriterienkataloge zu einem **einzigen modular aufgebauten Rahmenwerk vereinheitlichten** (unter Beseitigung der aufgezeigten Schwächen). Unternehmen sollten Kriterien nach mehreren Selektionsmerkmalen auswählen können: nach Internationalität bzw. Regionalität, unterschiedlichen Sektoren (wobei verschiedene Branchengliederungen zugrunde zu legen wären), Umfängen bzw. Abstufungen (gesetzliche Mindestkennzahlen bis hin zu umfänglichen Kriteriendarstellungen) sowie nach betroffenen betrieblichen Bereichen.
11. Damit ESG(E)-Kriterien überhaupt als Schlüssel für eine nachhaltige Unternehmensführung in Betracht kommen können, muss das **„Mindset"** von Management und Controlling stimmen. „Die Auffassung des Umweltschutzes als Kostenfaktor gilt als überholt und ist durch eine chancenorientierte Betrachtung zu ersetzen" betont hierzu der Internationale Controllerverein im Rahmen seiner Studie zum Green Controlling (2011, S. 4). Das vielfach finanzorientierte Controlling hat nunmehr die Herausforderung anzugehen, nichtfinanzielle Informationen, sprich soziale und ökologische Größen, in die Unternehmenssteuerung zu integrieren (vgl. Kämmler-Burrak und Klein 2021, o. S.). Controller*innen müssen folglich raus aus ihrer Komfortzone mit bekannten Finanzkennzahlen hin zu interdisziplinärer Zusammenarbeit bspw. mit Ingenieur*innen oder mit Zulieferbetrieben, um die in Standardwerken aufgeführten ESG(E)-Kriterien sachgerecht im Unternehmen etablieren zu können.
12. Neben diesem Mindset ist die **Anwendung passender Strategietools** eine weitere Grundlage für die Schlüsselfähigkeit von ESG(E)-Kriterien. Um den Nachhaltigkeitskurs eines Unternehmens mit den „richtigen" Kriterien „richtig" dimensioniert abstecken zu können, werden Wesentlichkeitsanalysen immer bedeutsamer. Hierbei werden die mittels „klassischen" Umfeld- und Unternehmensanalysen (bspw. SWOT-Analyse) herausgearbeiteten, nach

Relevanzgraden bewerteten Geschäftserfordernisse mit den ebenfalls bewerteten Erwartungen verschiedenen Anspruchsgruppen aus der Stakeholder-Analyse in einer Wesentlichkeitsmatrix zusammengeführt (vgl. Sailer 2020, S. 111 f.). Hieraus abgeleitete Nachhaltigkeitsstrategien und -vorhaben wären dann „klassisch" mit Investitionsrechnungsverfahren, EVA- oder DCF-Methode zu bewerten (inkl. Risikoanalyse). Kurzum: Auch umweltorientierte Unternehmen kommen um eine Befassung mit etablierten Strategietools nicht umhin; es werden über 100 Tools gezählt (vgl. Hirt 2015), zumindest Basisinstrumente sollten zur Anwendung kommen (vgl. Schlemminger 2018, S. 441 ff.). Darüber hinaus besteht der Bedarf an einer „Ökologisierung" bestimmter Steuerungsinstrumente – nunmehr ist bspw. eine Umweltkosten- oder eine um externe Effekte ergänzte Investitionsrechnung gefragt (vgl. Sailer 2020, S. 160 f. und S. 265 f.). Abschließend sind die Wechselwirkungen der Schlüsselindikatoren aus der ökonomischen, sozialen und ökologischen Sphäre sichtbar zu machen, damit eine „echte" integrierte Steuerung gelingt. Dabei sollten die Chancen, die in der Anwendung von Künstlichen-Intelligenz-(KI-)Ansätzen verknüpft mit Business-Analytics-Methoden liegen, genutzt werden.

# Literatur

*BaFin* (2019), Merkblatt zum Umgang mit Nachhaltigkeitsrisiken, 2019, Online, URL: https://www.bafin.de/SharedDocs/Downloads/DE/Merkblatt/dl_mb_Nachhaltigkeitsrisiken.pdf?__blob=publicationFile&v=11 (Abrufdatum: 14.09.2021).
*Beckmann, H.* (2020), EU-Lieferkettengesetz: Faire Bedingungen von Anfang an, 23.02.2022, Online, URL: https://www.tagesschau.de/wirtschaft/weltwirtschaft/eu-lieferkettengesetz-101.html (Abrufdatum: 30.03.2022).
*Biegert, W.* (2021), Nachhaltigkeitsratings – Die Auswirkungen von Nachhaltigkeitsrisiken, in: Controller Magazin, 46. Jg. (2021), Heft 4, S. 101–102.
*Blackrock* (2020), Eine grundlegende Umgestaltung der Finanzwelt, Brief von Larry Fink an CEOs, Online, URL: https://www.blackrock.com/ch/privatanleger/de/larry-fink-ceo-letter (Abrufdatum: 17.05.2022).
*BMZ* (2021), Das Lieferkettengesetz ist da, Online, URL: https://www.bmz.de/de/entwicklungspolitik/lieferkettengesetz (Abrufdatum: 17.11.2021).
*Bosch* (2021), Unternehmensweiter Umweltschutz: Klimaneutralität seit 2020, Online: URL: https://www.bosch.com/de/nachhaltigkeit/umwelt/ (Abrufdatum: 19.11.2021).
*Business Roundtable* (2019), Business Roundtable Redefines the Purpose of a Corporation to Promote 'An Economy That Serves All Americans', 19. August 2019, Online, URL: https://www.businessroundtable.org/business-roundtable-redefines-the-purpose-of-a-corporation-to-promote-an-economy-that-serves-all-americans (Abrufdatum: 10.03.2022).
*Deutsches Global Compact Netzwerk* (2022), Online, URL: https://www.globalcompact.de/en/our-work/sustainable-development-goals (Abrufdatum: 24.02.2022).
*Die Bundesregierung* (2021), Nachhaltigkeitspolitik, Online, URL: https://www.bundesregierung.de/breg-de/themen/nachhaltigkeitspolitik/nachhaltigkeitsziele-verstaendlich-erklaert-232174 (Abrufdatum: 24.11.2021).
*Dillerup, R., Stoi, R.* (2013), Unternehmensführung, 4. Aufl., München: Vahlen, 2013.
*DNK* (2021), Der Nachhaltigkeitskodex, 2021, Online, URL: https://www.deutscher-nachhaltigkeitskodex.de/de-DE/Home/DNK/DNK-Overview (Abrufdatum: 13.09.2021).
*DNK* (2022a), Checkliste für die Erklärung nach dem Deutschen Nachhaltigkeitskodex, 2022, Online, URL: https://www.deutscher-nachhaltigkeitskodex.de/de-DE/Documents/PDFs/Sustainability-Code/DNK-Checkliste (Abrufdatum: 31.03.2022).

*DNK* (2022b), Datenbank, 2022, Online, URL: https://www.deutscher-nachhaltigkeitskodex. de/Home/Database (Abrufdatum: 01.03.2022).

*DRSC* (2021), CSR-Studie, Abschlussbericht zur vom BMJV beauftragten Horizontalstudie sowie zu Handlungsempfehlungen für die Überarbeitung der CSR-Richtlinie, 2021, Online, URL: https://www.drsc.de/app/uploads/2021/06/210128_CSR-Studie_final.pdf (Abrufdatum: 24.09.2021).

*Drucker, P.* (2021), zitiert nach Denkschatz, Online, URL: http://www.denkschatz.de/zitate/Peter-Drucker/Was-du-nicht-messen-kannst-kannst-du-nicht-lenken (Abrufdatum: 16.09.2021).

*EFFAS, DVFA* (2010), KPIs for ESG, Version 3.0, 2010, Online, URL: https://www.dvfa.de/fileadmin/downloads/Publikationen/Standards/KPIs_for_ESG_3_0_Final.pdf (Abrufdatum: 09.03.2022).

*EU* (2020), Verordnung (EU) 2020/852 des Europäischen und des Rates über die Einrichtung eines Rahmens zur Erleichterung nachhaltiger Investitionen und zur Änderung der Verordnung (EU) 2019/2088, 18.06. 2020.

*EU* (2021), Europäischer Grüner Deal, Online, URL: https://ec.europa.eu/info/strategy/priorities-2019-2024/european-green-deal_de (Abrufdatum: 16.11.2021).

*Europäische Kommission* (2022), EU-Taxonomie: Kommission legt ergänzenden delegierten Klima-Rechtsakt vor, um die Dekarbonisierung zu beschleunigen, Pressemitteilung, 02.02.2022.

*Gourgé, K.* (2021), Gesellschaftliche Verantwortung: Vom Gewinn zum Gemeinwohl – und zurück, in: *Ernst, D., Sailer, U., Gabriel, R.* (Hrsg.), Nachhaltige Betriebswirtschaft, 2. Aufl., München: UVK, 2021, S. 69–80.

*Global Compact Netzwerk Deutschland* (2021), United Nations Global Compact, Online, URL: https://www.globalcompact.de/ueber-uns/united-nations-global-compact (Abrufdatum: 13.09.2021).

*GRI* (2016), GRI Standards German Translation, 2016 (Grundversion 2016 mit Aktualisierungen aus 2018 bis 2022), Online, URL: https://www.globalreporting.org/how-to-use-the-gri-standards/gri-standards-german-translations/ (Abruf: 17.09.2021).

*GRI* (2020), List of GRI Standards reports and published materials with their self-declared claims, 2020, Online, URL: https://www.globalreporting.org/reportregistration/verifiedreports (Abrufdatum: 30.03.2022).

*GRI* (2021), Our mission and history, Online, URL: https://www.globalreporting.org/about-gri/mission-history/ (Abrufdatum: 13.09.2021).

*Haberstock, P.* (2021), ESG-Kriterien, in: Gabler Wirtschaftslexikon, Online, URL: https://wirtschaftslexikon.gabler.de/definition/esg-kriterien-120056 (Abruf: 15.09.2021).

*Hamburg Commercial Bank AG* (2021), ESG-Factbook, Ergänzung zum CSR-Bericht 2020, 19.08.2021, Online, URL: https://www.hcob-bank.de/media/pdf_3/esg/20210819_esg_factbook_final_de.pdf (Abrufdatum: 30.11.2021).

*Hirt, M.* (2015), Die wichtigsten Strategietools für Manager. Mehr Orientierung für den Unternehmenserfolg, München: Vahlen, 2015.

*Hornung, M.* (2021), Triple Bottom Line, in: ICV-ControllingWiki, Online, URL: https://www.controlling-wiki.com/de/index.php/Triple_Bottom_Line (Abruf: 21.09.2021).

*ICV* (2011), Green Controlling – eine (neue) Herausforderung für den Controller? Relevanz und Herausforderungen der Integration ökologischer Aspekte in das Controlling aus Sicht der Controllingpraxis, 2011, Online, URL: https://www.icv-controlling.com/fileadmin/Assets/Content/AK/Ideenwerkstatt/Files/Studienbericht_Green_Controlling_final.pdf (Abrufdatum: 27.09.2021).

# Literatur

*ICV* (2020), Green-Controlling-Preis für „$CO_2$-Neutralstellung der Bosch-Gruppe in 2020", Online, URL: https://www.icv-controlling.com/de/verein/presse/presseinformationen/ansicht/green-controlling-preis-fuer-co2-neutralstellung-der-bosch-gruppe-in-2020.html (Abrufdatum: 19.11.2021).

*IIRC* (2021), International IR-Framework, Januar 2021, Online, URL: https://integratedreporting.org/wp-content/uploads/2021/01/InternationalIntegratedReportingFramework.pdf (Abrufdatum: 13.09.2021).

*Kämmler-Burrak, A., Klein, A.* (2021), Vor neuen Aufgaben und Instrumenten stellt sich die Frage nach einem neuen Mindset im Controlling, 06.09.2021, Online, URL: https://www.haufe.de/controlling/controllerpraxis/nachhaltigkeit-wird-standardaufgabe-im-controlling/neues-mindset-im-controlling_112_550098.html (Abrufdatum: 27.09.2021).

*Kaplan, R. S., Norten, D. P.* (1997), Balanced Scorecard. Strategien erfolgreich umsetzen, Stuttgart: Schäffer-Poeschel, 1997.

*Kirchhoff Consult AG, BDO AG Wirtschaftsprüfungsgesellschaft* (2020), Studie 2020: Quo Vadis? Die nichtfinanzielle Berichterstattung im DAX 160, Online, URL: https://www.deutsche-boerse-cash-market.com/resource/blob/2275510/38751e8a91589175e30672fb11ed12a4/data/Kirchhoff-BDO-Studie-Die-nichtfinanzielle-Berichterstattung-2020.pdf (Abrufdatum 13.09.2021).

*Kögler, A.* (2020), Green Finance trotz Corona, in: Green Finance, Sonderbeilage Grüne Finanzierung & nachhaltige Kapitalanlage, September 2020, S. 6–8.

*Kögler, A.* (2021a), Was die EU-Taxonomie für CFOs bedeutet, in: Finance, März/April 2021, S. 58–60.

*Kögler, A.* (2021b), Worauf Sustainalytics beim ESG-Rating achten, in: Finance, 04.05.2021, Online, URL: https://www.finance-magazin.de/finanzabteilung/investor-relations/worauf-sustainalytics-beim-esg-rating-achtet-43642/ (Abrufdatum: 09.12.2021).

*Kögler, A.* (2021c), So funktioniert das ESG-Rating von ISS ESG, in: Finance, 21.05.2021, Online, URL: https://www.finance-magazin.de/finanzierungen/deutschland/so-funktioniert-das-esg-rating-von-iss-esg-43751/ (Abrufdatum: 29.11.2021).

*Kögler, A.* (2021d), Die Krux mit den ESG-Ratings, in: Green Finance, September 2021, S. 24–27.

*Kögler, A.* (2021e), Grüne Zwischenbilanz, in: Finance, November/Dezember 2021, S. 24–28.

*Lindner, A.* (2021), Jahresabschluss 2.0 – Nachhaltigkeit im Fokus, in: Green Finance, Sonderbeilage zu Finance-Ausgabe September/Oktober 2021, S. 22.

*Meeh-Bunse, G., Schomaker, S.* (2017), Schwerpunkte und Unterschiede bei CSR-Regelwerken. Eine Analyse bekannter Leitlinien zu nichtfinanziellen Leistungsindikatoren, in: Grazyna, W., Bretyn, A. (Hrsg.), Contemporary Economic Issues Nr. 1/2017 (14), University Szczecin (Polen), S. 141 – 152.

*MSCI* (2022b), ESG Ratings & Climate Search Tool, Online, URL: https://www.msci.com/research-and-insights/esg-ratings-corporate-search-tool/issuer/tesla-inc/IID000000002594878 (Abruf: 17.05.2022).

*Müller, S.* (2021), Integrated Reporting, ICV-ControllingWiki, Online, URL: https://www.controlling-wiki.com/de/index.php/Integrated_Reporting (Abrufdatum: 13.09.2021).

*Olfert, K.* (2021), Einführung in die Betriebswirtschaftslehre, 13. Aufl., Herne: NWB, 2021.

*O. V.* (2021a), Global Compact, in: Lexikon der Nachhaltigkeit, Online, URL: https://www.nachhaltigkeit.info/artikel/global_compact_1005.htm (Abrufdatum: 27.09.2021).

*O. V.* (2021b),, Hans Carl von Carlowitz, 1713, in: Lexikon der Nachhaltigkeit, Online, URL: https://www.nachhaltigkeit.info/artikel/hans_carl_von_carlowitz_1713_1393.htm (Abrufdatum: 22.11.2021).

*PwC Deutschland* (2021), CSR-Richtlinie: Heute beginnt eine neue Ära in der Nachhaltigkeitsberichterstattung, 21. April 2021, Online, URL: https://www.pwc.de/de/pressemitteilungen/2021/csr-richtlinie-heute-beginnt-eine-neue-aera-in-der-nachhaltigkeitsberichterstattung.html (Abrufdatum: 13.09.2021).

*Rademacher, C.* (2021), Nachhaltigkeit ist der Schlüssel, in: Finance, Sonderbeilage zur 17. Structured Finance, November/Dezember 2021, S. 18.

*Rat für Nachhaltige Entwicklung* (2020), Leitfaden zum Deutschen Nachhaltigkeitskodex, 2020, Online, URL: https://www.deutscher-nachhaltigkeitskodex.de/de-DE/Documents/PDFs/Sustainability-Code/Leitfaden-zum-Deutschen-Nachhaltigkeitskodex.aspx (Abrufdatum: 21.09.2021).

*Rat für Nachhaltige Entwicklung* (2022), Nachhaltige Entwicklung, Online, URL: https://www.nachhaltigkeitsrat.de/nachhaltige-entwicklung/ (Abrufdatum: 31.03.2022).

*Sailer, U.* (2020), Nachhaltigkeitscontrolling, 3. Aufl., München: UVK, 2020.

*Schlemminger, R.* (2018), Strategische Controlling-Instrumente, in: WISU – Das Wirtschaftsstudium, 47. Jg. (2018), Heft 4, S. 441–445.

*Sustainalytics* (2022), Company ESG Risk Rating, Online, URL: https://www.sustainalytics.com/esg-rating/tesla-inc/1035322998 (Abrufdatum: 30.03.2022).

*UN* (2021), The 17 Goals, Online, URL: https://sdgs.un.org/goals (Abrufdatum: 24.11.2021).

*Vanini, U.* (2022), Nachhaltigkeitscontrolling, in: WISU – Das Wirtschaftsstudium, 51. Jg. (2022), Heft 2, S. 175–185.

*WCED* (2021), Report of the World Commission on Environment and Development: Our Common Future, Online, URL: https://sustainabledevelopment.un.org/content/documents/5987our-common-future.pdf (Abrufdatum: 22.11.2021).

*Zwirner, C., Boecker, C.* (2021), EU-Taxonomie zu nachhaltigen Investitionen und zur Berichterstattung. Ein Beitrag zum European Green Deal, Online, URL: https://www.kleeberg.de/advisory/eu-taxonomie-verordnung-zu-nachhaltigen-investitionen-und-zur-berichterstattung/ (Abrufdatum: 14.09.2021).

MIX
Papier aus verantwortungsvollen Quellen
Paper from responsible sources
FSC® C105338

If you have any concerns about our products,
you can contact us on
ProductSafety@springernature.com

In case Publisher is established outside the EU,
the EU authorized representative is:
**Springer Nature Customer Service Center GmbH
Europaplatz 3, 69115 Heidelberg, Germany**

Printed by Libri Plureos GmbH
in Hamburg, Germany